新型农民现代农业技术与技能培训丛书

玉米植保员培训教材

编著者

石　洁　孙双全　王江柱

王振营　耿亚玲　刘玉英

张老章　张雪霞

金盾出版社

内 容 提 要

本书是“新型农民现代农业技术与技能培训丛书”的一个分册，由河北农业大学科教兴农中心的专家编写。内容包括：玉米植保员岗位设定的意义和作用，玉米植物保护的基础知识，玉米真菌性病害，玉米细菌性病害，玉米病毒病，玉米线虫病，玉米非侵染性病害，玉米害虫及防治，玉米草害，玉米病虫草害的田间调查，玉米病虫草害综合防治技术。该书内容丰富，技术全面，适用于县（市）、乡（镇）和农业企业相关工种的岗位培训，亦可供广大青年农民及相关专业师生阅读参考。

图书在版编目(CIP)数据

玉米植保员培训教材/石洁等编著．—北京：金盾出版社，2008.8
（新型农民现代农业技术与技能培训丛书）
ISBN 978-7-5082-5210-0

Ⅰ. 玉…　Ⅱ. 石…　Ⅲ. 玉米-植物保护-技术培训-教材
Ⅳ. S435.13

中国版本图书馆 CIP 数据核字(2008)第 110829 号

金盾出版社出版、总发行
北京太平路 5 号（地铁万寿路站往南）
邮政编码：100036　电话：68214039　83219215
传真：68276683　网址：www.jdcbs.cn
封面印刷：北京精美彩色印刷有限公司
正文印刷：京南印刷厂
装订：新华装订厂
各地新华书店经销
开本：850×1168 1/32　印张：5.5　字数：136 千字
2012 年 10 月第 1 版第 2 次印刷
印数：10 001～15 000 册　定价：12.00 元

新型农民现代农业技术与技能培训丛书

序　言

中共中央、国务院[2007] 1 号文件明确指出，加强“三农”工作，积极发展现代农业，扎实推进社会主义新农村建设，是全面落实科学发展观、构建社会主义和谐社会的必然要求，是加快社会主义现代化建设的重大任务。

我国农业人口众多，发展现代农业、建设社会主义新农村，是一项伟大而艰巨的综合工程，不仅需要深化农村综合改革、加快建立投入保障机制、加强农业基础建设、加大科技支撑力度、健全现代农业产业体系和农村市场体系，而且必须注重培养新型农民，造就建设现代农业的人才队伍。

胡锦涛总书记在党的十七大报告中进一步指出，要培育有文化、懂技术、会经营的新型农民，发挥亿万农民建设新农村的主体作用。

新型农民是一支数以亿计的现代农业劳动大军，这支队伍的建立和壮大，只靠学校培养是远远不够的，主要应通过对广大青壮年农民进行现代农业技术与技能的培训来实现。金盾出版社在对农业岗位培训进行广泛调研的基础上，与中国农业大学老科技工作者协会、华中农业大学老教授协会等单位共同策划，约请数百名农业专家、学者参加，组织编写了“新型农民现代农业技术与技能培训丛书”(以下简称“丛书”)。“丛书”坚持从现阶段我国青壮年农民的文化技术水平出发，突出现代农业技术与技能的传授，注重其先进性和实用性；“丛书”以教材形式编写，共有 88 个分册，涉及 81 个农业岗位，除水稻农艺工、蔬菜园艺工、蔬菜植保员、果树植保员分南方本和北方本外，其他均为一个岗位一本培训教材，以方便县(市)、乡(镇)、村组织新型农民培训和农业企业进行岗位培训时选用。“丛书”的组编和出版，还得到了河北农业大学、沈阳农业大学、西北农林科技大学、甘肃农业大学、北京农学院、山东畜牧兽医职业技术学院、大连民族学院、中国农业科学院茶叶研究所、中国农业科学院油料研究所、中国农业科学院郑州果树研究所、中国农业科学院特产研究所、中国农业科学院桑蚕研究所、中国养蜂学会、内蒙古自治区农牧科学院、甘肃省蔬菜研究所、山东省果树研究所、广西壮族自治区柑桔研究所、山西省畜牧兽医研究所等单位部分专家、教授的支持和参与，并列入劳动和社会保障部《全国职业培训与技能鉴定用书目录》，进行推荐，使我们深感欣慰，在此表示衷心感谢。我们希望和相信，通过“丛书”的出版发行，能为新型农民队伍的发展壮大贡献一份力量，也能为现代农业技术与技能培训积累一些可供借鉴的经验。

“丛书”编写时间有限，各分册存在不足或错漏在所难免，恳请同仁和各使用单位批评指正。

编 委 会

2008 年 1 月

目 录

第一章　玉米植保员岗位设定的意义和作用

玉米、小麦和水稻是我国三大粮食作物，2005 年玉米播种面积超过 2 600 万公顷，产量为 1.35 亿吨，首次超过小麦，成为我国第二大粮食作物。在现有的耕地面积中，玉米种植面积占 1/4 左右，并仍有进一步扩展的趋势。

玉米的用途非常广泛，既可作为粮食食用，也是很好的工业加工原料。随着国民经济的发展，玉米的用途由过去的单纯食用向饲料和工业原料等多种用途转变。饲料在国内玉米消费中占主导地位，我国玉米产量的 70%以上直接或加工后作为猪、牛、鸡、水产等各种畜禽等的饲料。玉米的年食用消费总量稳定在 6%左右，其他作为工业原料，被加工成淀粉、淀粉糖、变性淀粉、酒精、酶制剂、调味品、药用和化工等各种产品及副产品。因此，玉米生产对于我国的粮食安全、玉米加工贸易和市场消费都有很大影响。

玉米生产涉及遗传育种、栽培生理、土壤肥料、植物保护、农业机械和技术推广等多学科的知识和技术。目前，我国的玉米单位面积产量水平较低，通过审定的品种在区域试验中，每 667 平方米产量多数在 700 千克以上，但是玉米产区的实际产量与试验产量相差40%～50%，不能充分发挥品种的潜能。造成这种局面的因素，包括自然灾害、栽培技术不到位以及受病、虫危害等多方面原因。据估算，我国每年因病、虫灾害造成的玉米产量损失在10%～20%。如何减少和控制大田中的玉米病虫害，降低产量损失，是我们共同努力的目标。

一、玉米植保员工作的意义

植保员是指从事预防和控制有害生物对农作物及其产品的危害,保护安全生产的人员。植保员的国家职业资格证书共设五个等级,分别为:初级(国家职业资格五级)、中级(国家职业资格四级)、高级(国家职业资格三级)、技师(国家职业资格二级)、高级技师(国家职业资格一级)。

玉米植保员所做的工作是农业部门的一项基础性工作,是农业防灾减损工作的重要组成部分。玉米植保员是农业科研人员和农民之间联系的纽带,是"良种良法直接到田、技术要领直接到人"的直接执行者;是促进农民学习科学、应用植保先进实用技术的主要推动者;是全面提高农村玉米植保工作水平,确保农民增产增收的保证。玉米植保员在对农民进行田间技术指导、传授农业新技术的同时,也向农民朋友学习实践经验,丰富自己的知识,掌握大量的第一手资料,为解决生产中的新问题积累工作经验,对玉米病虫草害的综合防治技术的建立和推广有极大的作用。

二、玉米植保员应掌握的知识和技能

玉米植保员应该掌握的知识和技能主要包括五个方面内容:病虫草害的预测预报、病虫草害的综合防治、农药(械)的安全使用、植物检疫和组织玉米植保知识的培训。具体包括以下几方面内容。

第一,熟悉病虫草害测报调查规范,能够正确使用和维护观测器具,能够运用生物统计、气象和计算机应用等方面的基础知识,对调查数据进行归纳整理,并对主要病虫草害进行数理统计分析,能准确编写中期预报,及时传递病、虫信息,发现重大疫情时及时上报。

第二，掌握普通植物病理学、农业昆虫学、农业植物病理学、植物病害流行学、害虫生物防治、昆虫生态学和杂草学等基本知识，了解当地玉米田的病、虫、草害发生种类、发生时期及发生规律等。

第三，掌握玉米田有害生物综合治理的原则，能够熟练运用各种防治技术；能根据当地病虫草害的发生特点，因地制宜地制定经济有效、对环境伤害最低的综合防治措施，并对其科学性、可行性和可操作性做出评估；能协调组织农户和农业生产经营者实施防治措施。

第四，掌握玉米病害诊断、昆虫分类及杂草鉴别等方面知识，要有丰富的实践经验，能够准确识别玉米各种病虫草害。

第五，掌握植物化学保护的基本知识，熟悉有关农药及药械的安全使用和管理等相关法律法规，熟练掌握玉米田常用化学药剂的使用方法和注意事项；能够指导农民科学用药，并对防治效果跟踪调查；能够正确使用、维修和保养药械。

第六，掌握植物检疫的基础知识，能够准确识别玉米检疫性病、虫和杂草，调查其发生范围，并掌握检疫对象的封锁、控制技术。

第七，掌握农业技术推广的基本知识，能够组织村民开会或利用开办培训班等多种途径，向农民讲解、宣传玉米病虫草害的防治知识及使用高产技术等方面知识，积极宣传推广新技术和新农药。

第八，熟悉有关种子的相关法律法规，在购买种子时应结合当地病虫草害发生情况，能为农民购买适合的抗性品种提供合理建议。

第九，熟悉玉米高产栽培技术，能够独立设计和实施新品种、新技术和新药剂的引进、试验、示范和推广。

三、玉米植保员应遵守的职业道德和相关法规

(一)应遵守的职业道德

1. 爱岗敬业,忠于职守 植保员必须热爱玉米植保事业,工作热情高,事业心强,服务态度好,遵守各项规章制度。

2. 认真负责,实事求是 对病虫害的发生情况要如实上报,不夸大,不隐瞒;对各种防治技术,不受他人或公司的影响,不有意夸大防治效果,不隐瞒防治技术中的不足,不做损伤农民利益的事情。

3. 勤奋好学,精益求精 在实践中发现问题后,要把技术问题解决在田间地头。增强学习新知识的欲望,提高分析问题、解决问题的能力,积累工作经验,提高自身素质。

4. 规范操作,注意安全 尤其是进行化学防治时,一定要了解农药的性能和使用常识,并掌握农药中毒的急救方法,避免出现不必要的损失和伤害。

(二)应遵守的相关法规

1.《中华人民共和国农业法》 为了巩固和加强农业在国民经济中的基础地位,深化农村改革,发展农村生产力,推进农业现代化,维护农民和农业生产经营组织的合法权益,增加农民收入,提高农民的科学文化素质,促进农业和农村经济的持续、稳定、健康发展,实现全面建设小康社会的目标,制定本法。

2.《中华人民共和国农业技术推广法》 为了加强农业技术推广工作,促使农业科研成果和实用技术尽快应用于农业生产,以保障农业的发展,实现农业现代化,制定本法。

3.《中华人民共和国种子法》 为了保护和合理利用种质资

源，规范品种选育、种子生产和经营、使用等行为，维护品种选育者、种子生产者、经营者和使用者的合法权益，提高种子质量水平，推动种子产业化，促进种植业和林业的发展，制定本法。

4.《中华人民共和国农药管理条例》 为了加强对农药生产、经营和使用的监督管理，保证农药质量，保护农业、林业生产和生态环境，维护人畜安全，制定本条例。

5.《中华人民共和国植物新品种保护条例》 为了保护植物新品种权，鼓励培育和使用植物新品种，促进农业、林业的发展，制定本条例。

6.《中华人民共和国产品质量法》 为了加强对产品质量的监督管理，提高产品质量水平，明确产品质量责任，保护消费者的合法权益，维护社会经济秩序，制定本法。在中华人民共和国境内从事产品生产、销售活动，必须遵守本法。

7.《中华人民共和国经济合同法》 为保障社会主义市场经济的健康发展，保护经济合同当事人的合法权益，维护社会经济秩序，促进社会主义现代化建设，制定本法。本法适用于平等民事主体的法人、其他经济组织、个体工商户、农村承包经营户相互之间，为实现一定经济目的，明确相互权利义务的关系而订立的合同。

第二章 玉米植物保护的基础知识

一、玉米病害的基础知识

(一)玉米病害概念

玉米植株由于受到病原生物侵染或受不良环境条件的影响，其干扰强度超过了植物能够忍耐的程度，影响正常的生理代谢功能，使其在生理和外观上表现出异常，最终使玉米品质下降，产量受到损失，这种偏离正常状态的现象，称为玉米病害。需要指出的是，病原物是指引起植物病害的生物的统称，包括多种真菌、病毒(类病毒)、细菌、线虫和寄生性植物等；不良的环境条件是指极端温度、水分和营养失调及有害气体等；在生理和外观上表现出的异常就叫症状，症状往往不是从一开始就能在玉米植株上看到的，而要经过由生理变化到形态变化的全部过程，只能在一定的阶段才能看到。

病害的发生一般是病原物、寄主植物和环境条件共同作用的结果。当环境有利于玉米健康生长而不利于病原物时，玉米不发生病害；反之，则发生病害；但是，当玉米对某种病原物存在抗性，不利于病原物的侵染时，无论环境是否有利于病原物的生长，均不易发生病害。

(二)玉米病害诊断

病害的诊断分为六步：①仔细观察染病植株的所有症状，认真调查分析，根据典型症状初步判断病害类型和名称；②采样检查(镜检与剖检等);③病原物的分离培养、纯化和鉴定;④将初步鉴定出的病原物接种到相同品种的健株上,观察表现症状;⑤从接种发病的植物上再进行分离、纯化和鉴定,将病原物与原来分离出的病原物对比;⑥得出结论。但有些专性寄生物(如病毒、霜霉菌、锈菌等),目前还不能在人工培养基上培养,需要采用其他方法加以证明。

症状是在一定环境条件下,病原物和寄主相互作用的最后表现,具有一定的特异性和相对稳定性。掌握主要病害的典型症状,是进行病害初步诊断的前提。症状包括病状和病征两部分,病征是指病原物在感病植物病部所形成的结构或特征,包括:霉状物(潮湿时叶斑病的病斑上多产生)、粉状物(锈病、丝黑穗病、瘤黑粉病)、颗粒状或点状物(全蚀病后期的闭囊壳)、絮状物(腐霉菌茎腐病)、菌核(纹枯病)、溢脓(细菌性病害)等;病状是指感病植物本身所表现的不正常状态。常见的病状类型有以下几种。

1. 变色　植物被侵染后,因细胞色素发生变化而引起的颜色变化,细胞并没有死亡。变色有两种形式,一种是均匀变色,主要表现为褪绿、黄化、白化和红叶等。

(1)褪绿　叶绿素减少,叶片均匀变浅绿色,如玉米缺硫症。

(2)黄化　叶绿素减少,叶黄素增多,叶片变黄,如玉米渍害。

(3)红叶　花青素增多,如玉米红叶病。

(4)白化　呈白色,如玉米白化苗。

另一种是不均匀变色,主要表现为花叶、条斑或条纹、明脉等。

(1)花叶　叶肉色泽浓淡不均,呈斑驳状,如玉米矮花叶病。

(2)条斑或条纹　平行于叶脉呈现黄绿相间的条纹,如遗传性条纹病。

(3)明脉　主脉、支脉呈透明状,叶肉呈绿色,如玉米粗缩病。

2. 坏死　寄主植物细胞、组织死亡,但仍保持原有形状。因受害部位不同,表现不同。一般出现多种颜色和形状。发生在叶片上的主要是叶斑和叶枯两种形式，叶斑就是各种轮廓比较清楚的斑点，如圆斑（弯孢霉叶斑病）、梭形斑（大斑病）、长方形斑（灰斑病）等；叶枯就是轮廓不明显的较大面积的枯死，如日灼、梢枯（细菌性茎腐病）、立枯或猝倒（苗期根腐病）等。

3. 腐烂 寄主组织坏死，分解、腐败，全株均可发生，常伴有气味，有的还有脓液溢出。腐烂又分为干腐、湿腐、软腐三种形式，干腐是水分及时散失、组织干缩，如玉米镰刀菌茎腐病；湿腐是水分不能及时散失，如腐霉菌茎腐病；软腐是中胶层先受到破坏，细胞离析后再分解，如细菌性茎腐病。

4. 萎蔫 植物根茎维管束受到破坏，而皮层组织完好，是由于水分供应不足而导致的凋萎，是不可恢复的。萎蔫分为黄枯和青枯两种表现，黄枯发展较慢，与早衰相似，轻者萎蔫，重者枯死，如镰刀菌茎腐病的慢性症状；青枯则迅速凋萎死亡，但叶色仍呈绿色，如腐霉菌茎腐病。

5. 畸形 寄主细胞和组织受到抑制或促进增长，局部或全株表现出扭曲变形。畸形多种多样，主要有矮化或矮缩（粗缩病）、丛生（丝黑穗病苗期症状之一）、器官变态（疯顶病）、卷叶（顶腐病）、徒长（疯顶病症状之一）、肿瘤（瘤黑粉病、线虫病）等。

症状是病害诊断的主要依据之一，但由于不同的病原物可以引起相同的症状，而相同的病原物在玉米不同生育期、不同部位，或不同环境条件引起的症状也有差别，因此必须进一步鉴定其病原物，才能做出正确的诊断。

（三）玉米侵染性病害

植物病害的分类方法很多，每种分类方法都有其特定作用和意义，根据病原物的性质可分为侵染性病害和非侵染性病害。

我们把由生物因素引起的能够传染的病害，称为侵染性病害，或传染性病害，或寄生性病害。该类病害的主要特征是：①病害有一个发生、发展和传染的过程；②在特定的品种或环境条件下，病害轻重不一；③在病株的表面或内部可以发现病原物的存在（病征），且它们的症状也有明显的区别。

我国玉米上常见的侵染性病害又根据病原物分为：真菌性病害、细菌性病害、病毒性病害和线虫病害等四大类。其中所占比例最大的是真菌性病害。

1. 真菌　是以菌丝体为营养体、以孢子进行繁殖的、具有真核的低等生物。多数真菌病害在一定阶段可以见到孢子或菌丝体，即病症，孢子和菌丝体是病原菌鉴定的主要依据，条件不适宜时，有些病害的病症出现得较晚，为了能及时进行准确的诊断，可人为地将病部保湿，诱发产生孢子。

2. 细菌　此类病害常见的症状为腐烂、萎蔫及畸形，在病部一般可见到菌体与玉米汁液的混合物——菌溢，也叫菌脓，并常伴随有强烈的腐败臭味，这也是区分于其他病害的主要症状。

3. 病毒病　田间诊断主要依据症状和传毒方式来区分，病毒病的症状以花叶、矮缩、坏死为多见，无病征；采取病株叶片用汁液摩擦接种或用媒介昆虫如蚜虫传毒接种可引起发病；用病汁液摩擦接种在指示植物或鉴别寄主上可见到特殊症状出现；用血清学诊断技术可快速做出正确的诊断。

4. 玉米线虫病　可根据根部肿瘤或镜检检出的线虫来诊断。

（四）玉米非侵染性病害

我们把由非生物因素引起的、不能相互传染的病害，统称为非侵染性病害，或非传染性病害，或生理性病害。该类病害的主要特征是：①看不到任何病征，也分离不到病原物；②往往大面积同时发生同一症状的病害；③没有逐步传染扩散的现象等。非生物因素有玉米因素遗传因素、营养元素的缺乏或过量、环境不良或化学损伤等。

非侵染性病害的诊断一般根据发病情况和环境条件的关系进行分析，即可明确病原。有时需要靠诱发来进行分析，即根据初步分析结果，创造出相似的条件，观察玉米植株是否表现出和田间相同的症状。如果诱发成功，说明对病原的判断正确。

玉米非侵染性病害有很多种，常见的有16种，(详见第七章)，植保员应该充分掌握对侵染性病害和非侵染性病害的诊断技术。只有在确认病因后，才能准确地提出防治对策，提高防治效果。

二、玉米害虫的基础知识

(一)玉米害虫主要科目

在玉米上栖息的昆虫种类很多，只有以玉米植株为主要食物来源、对玉米的产量和品质造成一定影响的昆虫，才称为玉米害虫，如蚜虫、玉米螟、黏虫等。仅在玉米田栖息，不取食玉米，或偶尔在玉米上取食，且取食量少，对产量和品质构不成影响的昆虫，属于中性昆虫，如一些蚊类、蝇类等。还有一类是捕食玉米害虫和中性昆虫为食，或寄生于玉米害虫，这类昆虫是天敌昆虫，对害虫的种群数量起着一定的控制作用，如瓢虫、草蛉、食蚜蝇、赤眼蜂等。为害玉米的害虫共有三类：昆虫、螨类和蜗牛，其中昆虫占绝大多数。

昆虫属节肢动物门，昆虫纲昆虫属，是动物界中最大的一个类群，种类在100万种以上。昆虫是无脊椎动物中惟一有翅的一类，通常是小型到极微小的有害动物。

昆虫具有以下特征：①身体的环节分别集合组成头、胸、腹三个体段；②头部是感觉和取食中心，具有口器和1对触角，通常还有复眼及单眼；③胸部是运动中心，具3对足，一般还有2对翅；④腹部是生殖与代谢中心，其中包含着生殖器和大部分内脏器官；

⑤昆虫在生长发育过程中要经过一系列内部及外部形态上的变化，才能从卵（或若虫）转变为成虫。这种体态上的改变称为变态。在玉米上为害的主要害虫分属于以下 7 个目。

1. 鳞翅目　最重要的一个目，为全变态，即有卵、幼虫、蛹、成虫 4 个形态，成虫具虹吸式口器，不为害玉米，前后翅及身体上均被有鳞片，具复眼 1 对，单眼通常是 2 个。触角有丝状、棍棒状及羽毛状等。幼虫具咀嚼式口器，多足型，胸足 3 对，腹足 2～5 对，少数腹足退化。触角、翅脉的变化及腹足上的趾钩的排列常作为鉴定种的依据。为害玉米的主要有：地老虎、玉米螟、桃蛀螟、棉铃虫、黏虫、甜菜夜蛾、蛀茎夜蛾、二点委夜蛾和斜纹夜蛾等幼虫。

2. 同翅目　为渐进变态，即有卵、若虫、成虫，无蛹阶段，有的种类如蚜虫可营胎生，也可行孤雌生殖。刺吸式口器，以吸食玉米汁液为生，体型小，具复眼，有或无单眼，有或无翅。为害玉米的主要有：灰飞虱、蚜虫、叶蝉和耕葵粉蚧等。

3. 缨翅目　属渐变态，其若虫在变为成虫前有一个不取食又不大活动的类似完全变态的卵蛹期，卵很小，肾形或长卵形，偶有孤雌生殖。以锉吸式口器吸取植物汁液，被害植物常出现不规则的变色斑点、畸形或叶片皱缩卷曲等症状。为害玉米的有：禾生蓟马、黄呆蓟马和稻管蓟马等。

4. 半翅目　属渐变态，体小型至中型，略扁，刺吸式口器，触角3～5 节。复眼显著，单眼有或无，前胸背板甚大，中胸小盾片发达。多数具 4 翅，前翅基半部革质、翅端半部膜质，后翅膜质。静止时前翅平放于体之背部。为害玉米的害虫有：赤须盲蝽、绿盲蝽和弯翅黑蝽等。

5. 双翅目　为全变态，成虫头多呈圆球形或半球形，常具有小的颈部，能活动，复眼发达，单眼 3 个或无单眼，口器为刺吸式或舔吸式，仅具一对膜质的翅，后翅特化成平衡棒，幼虫蛆形。为害玉米的主要有：黑麦秆蝇和潜叶蝇。

6. 鞘翅目 属全变态，成虫体大多坚硬。咀嚼式口器，具复眼，一般无单眼，前胸发达，具4翅，前翅坚硬为不透明的角质，称鞘翅，两前翅会合处呈一直线。后翅膜质，腹部节数减少，无尾须。为害玉米的有：金龟子及其幼虫蛴螬、叩头虫的幼虫金针虫、双斑荧叶甲、异跗荧叶甲及其幼虫玉米旋心虫和玉米铁甲虫等。

7. 直翅目 属渐变态，咀嚼式口器，复眼发达。触角多丝状，多数具翅，前胸发达，前翅革质，后翅膜质，宽大，静止时折叠于前翅之下，后足发达适于跳跃。为害玉米的主要有：蝼蛄、蟋蟀和蝗虫等。

另外，为害玉米的害虫还有螨类。螨类不属昆虫，属于节肢动物门蛛形纲蜱螨目，螨类无触角及翅。昆虫有3对足，而螨类有4对（少数为2对）足。身体分为颚体和躯体两部，颚体在前，着生螯肢、须肢；躯体由前足体、后足体及末体三部分组成。为害玉米的害虫主要有：截形叶螨、朱砂叶螨和二斑叶螨等。

（二）玉米害虫的识别

害虫的识别方法可以分为两类：一是直接识别法，即以正在为害的害虫的形态特征来鉴别，此方法较为直观简单；二是间接识别法，即通过害虫的残留物或玉米的受害特征进行初步识别。害虫的残留物包括害虫的衍生物（如卵壳、蛹壳、蜕皮、虫体残毛及死虫尸体等）和害虫的排泄物（如粪便、蜜露物质、丝网、泡沫状物质等）。玉米植株被害状大致可以分为以下几种。

第一，叶片被取食，形成排孔、缺刻，边缘不整齐，或大面积叶片被取食，仅剩叶脉。这些多为咀嚼式口器的鳞翅目幼虫、鞘翅目害虫或直翅目害虫所为。

第二，叶片上有线状条纹或灰白色、灰黄色斑点。此症状的产生多是由刺吸式或锉吸式口器害虫（如盲蝽、灰飞虱、蓟马等）所为。

第三，幼苗植株被咬断或切断，或地上部枯萎死亡，或出现无心苗、丛生苗和矮缩苗。此多为地下害虫（如蝼蛄、地老虎、蛴螬等）所为。

第四，分泌蜜露诱发煤污病。此类昆虫通过产生蜜露状排泄物覆于叶片表面造成黑色斑点，常以吸汁排液性的小昆虫为主，如各种蚜虫等。

第五，下部叶片发白、发黄或变红褐色，似“火烧”状，逐渐干枯，此为螨类害虫所为。

第六，植株看不出明显被害状或植株叶片发黄、早衰或出现红色茎叶，植株上有蛀孔，此为钻蛀性害虫。

第七，果穗被蛀食和啃食，此为穗部害虫或金龟子所为。

初步诊断后，如果疑似害虫在幼虫阶段，在田间不容易鉴别的种类，要采集疑似害虫带回室内鉴定，或进一步饲养，等待化蛹羽化后再进一步确定。

（三）玉米害虫的天敌

人们习惯上把以牺牲其他动、植物生存或健康来维持自身生长发育的动、植物称为天敌。所谓天敌昆虫就是以其他昆虫为食的昆虫种类。根据天敌昆虫的取食特点，又分为捕食性天敌和寄生性天敌两大类群。在玉米害虫防治中应用较多的是寄生性天敌昆虫。

1. 寄生性天敌昆虫　是将卵（少部分是幼虫）产在害虫成虫、幼虫、卵或蛹的体内或体外营寄生生活的一类昆虫。其幼虫在单一寄主体内或体表发育，随着天敌昆虫幼体发育的完成，寄主缓慢死亡。绝大多数寄生性天敌昆虫的成虫以花蜜和蜜露为食，如膜翅目的赤眼蜂和双翅目的寄生蝇类等。

（1）赤眼蜂　这类天敌昆虫体型较小，不足1毫米，复眼赤红色。成虫在害虫的卵内产卵营寄生生活，完成各阶段的生长，最后从寄主卵中羽化出来。在自然界中种类多、数量大，控制害虫发生的作用显著。我国寄生玉米螟的赤眼蜂种类约 13 种，优势种类在大多数地区为玉米螟赤眼蜂，有些地方为松毛虫赤眼蜂。赤眼蜂可寄生的害虫种类在 100 种以上。我国是世界上应用赤眼蜂防治玉米螟面积最大的国家，常用的主要是松毛虫赤眼蜂；此外，有玉米螟赤眼蜂和螟黄赤眼蜂，主要用于防治玉米螟，对棉铃虫也有很好的防治效果。

(2)茧蜂　茧蜂大多是益虫，这类昆虫一般寄生于寄主的幼虫期，但也有寄生于蛹和成虫的，还有跨期寄生于卵至幼虫、卵至蛹和幼虫至蛹的。寄生在寄主体内、体外的都有，寄生体内的茧蜂幼虫长大之后往往钻出寄主结茧，化蛹时均结茧，即使在体内化蛹的也有薄茧。如腰带长体茧蜂，是玉米螟幼虫的主要寄生蜂，中红侧沟茧蜂是棉铃虫低龄幼虫的优势寄生蜂。

(3)姬蜂　这类天敌昆虫以卵在害虫幼虫上寄生，幼虫期在寄主体内、外取食。玉米田姬蜂数量较少，常见的有寄生玉米螟和大螟的大螟钝唇姬蜂。

(4)寄蝇　此类天敌昆虫是将卵产在害虫幼虫的体表和体内，或产在所食植物上和活动场所，随害虫的取食和接触进入幼虫体内，营寄生生活。玉米田鳞翅目昆虫的幼虫大都能被寄蝇寄生。玉米田常见的是寄生玉米螟的玉米厉寄蝇，寄生率为 0.7%～6.3%。

(5)蚜茧蜂　该类昆虫是蚜虫的天敌，雌成虫将卵产在各种蚜虫成虫和若虫体内，营寄生生活。如寄生玉米蚜、麦长管蚜的燕麦蚜茧蜂等，使被寄生的蚜虫变成淡棕黄色的僵蚜，对控制蚜虫的发生起着重要作用。

2. 捕食性天敌昆虫　以害虫肉体为食或吸食害虫体液为生的昆虫。一般情况下，捕食性天敌昆虫的幼虫和成虫都是肉食性，在其发育过程中要捕食大量寄主，如螳螂和瓢虫科的绝大多数种类。

(1)瓢虫类　这类昆虫分两大类。一类是植食性瓢虫如酸浆瓢虫,属茄科植物害虫,但在玉米田只取食茄科杂草,属玉米田的中性昆虫,这类瓢虫种类较少。另一类是肉食性,其种类占瓢虫类的80%以上。在玉米田捕食害虫数量较大的有龟纹瓢虫、异色瓢虫、七星瓢虫和黑背毛瓢虫等。捕食害虫的成虫、卵、幼虫(若虫)和蛹,捕食数量很大。1头瓢虫1天可以捕食50～80头蚜虫。捕食的害虫主要有各种蚜虫、螨、叶蝉、飞虱、蓟马和鳞翅目害虫(如黏虫、玉米螟和棉铃虫等)的卵和低龄幼虫等。

(2)步甲类　此类天敌昆虫与瓢虫一样,大部分是害虫的天敌,捕食害虫幼虫、卵、成虫,以幼虫为主。田间常见的种类有中华广肩步甲、赤胸步甲等,捕食的害虫种类有黏虫、地老虎、蝼蛄、金针虫、拟地甲、蛴螬和蚜虫等害虫。

(3)食蚜蝇　此类天敌昆虫的种类很多,主要以幼虫捕食害虫。可捕食各种蚜虫、叶蝉、蓟马和鳞翅目害虫的低龄幼虫。食蚜蝇成虫产卵于蚜群中或附近,卵孵化后可立即捕食害虫。每头幼虫一生可捕食100～1 000头,如黑带食蚜蝇的幼虫每天可捕食棉蚜120多头。玉米田常见分布较广的有黑带食蚜蝇等。

(4)椿象　这类天敌昆虫的成虫、若虫能捕食害虫的幼虫和卵。如黏虫、棉铃虫、蚜虫和蓟马等。玉米田分布较广的还有蠋敌、小花蝽等。

(5)草蛉类　此类天敌昆虫的成虫和幼虫都能捕食害虫,是害虫的重要天敌,我国已记载的有109种。幼虫在有蚜虫滋生的植物上极为常见,而且捕食蚜虫很凶,并依据幼虫外形,有"蚜狮"之称。成虫为草绿色,复眼有金属光泽,易于识别。捕食的害虫有蚜虫、红蜘蛛、介壳虫、叶蝉、鳞翅目害虫的卵和幼虫。常见和分布较广的草蛉有丽草蛉、中华草蛉等。

(6)螳螂　是一类体型较大的天敌昆虫。成虫和幼虫都能捕食害虫成虫、幼虫和卵。捕食的害虫也较多,有蚜虫、螨类、椿象、蟋蟀、蝗虫、鳞翅目害虫和叶甲等。常见的是中华螳螂。

(7)蜘蛛类　此类天敌捕食害虫的成虫和幼虫。捕食的害虫有叶蝉、飞虱、蚜虫、蓟马、鳞翅目害虫和叶甲等,玉米田常见的蜘蛛有鞍形花蟹蛛、星豹蛛、雾豹蛛和草间小黑蛛等。

三、玉米农药(械)的使用

(一)玉米除草剂的使用

随着耕作制度的改革,机械化种植和免耕技术的大面积应用,特别是大批农村劳动力外出打工带来的劳力不足,化学除草越来越受到农民的欢迎,随着使用面积和年份的增加,以下几方面矛盾日渐突出,如玉米除草剂品种繁多,使用技术要求高,使用不当不但除草效果差,还会对玉米或下茬作物产生药害。如何选择合适的除草剂品种并正确使用是提高农业生产水平,减低生产投入,解放劳动力的关键。

1. 玉米除草剂的分类

(1)按作用性质分类

①灭生性除草剂:不加选择地杀死各种杂草和作物,这种除草剂称为灭生性除草剂。

②选择性除草剂:能杀死某些杂草,对另一些杂草则无效,对一些作物安全,但对另一些作物有伤害,具有这种特性的除草剂称为选择性除草剂。如莠去津在玉米田使用,对玉米安全,可防除一年主禾本科杂草和阔叶杂草,就是利用除草剂对作物与杂草间的选择性,安全有效地防除杂草。

除草剂的选择性不是绝对的,而是相对的,与用药量、施药时间、使用方法及植物发育阶段等多种因素有关。例如,2,4-D丁酯是对小麦安全的选择性除草剂,但用量大时也会对小麦产生药害。

(2)按作用方式分类

①内吸性除草剂:能被杂草根、茎、叶分别或同时吸收,通过输导组织运输到植物体的各部位,破坏它的内部结构和生理平衡,从而造成植株体死亡,这种方式称为内吸性,具有这种特性的除草剂叫内吸性除草剂。如草甘膦被植物吸收后传输到全株,包括地下根茎,所以草甘膦能有效地防除多年生杂草。

②触杀性除草剂:只能杀死直接接触药剂的那部分植物组织,不能内吸传导,这种除草剂叫触杀性除草剂。该类除草剂对宿根性杂草防效差,如百草枯等。

(3)按施药对象分类

①土壤处理剂:把除草剂喷撒于土壤表层或通过混土操作把除草剂拌入土壤,建立起一个除草剂封闭层,以杀死萌发的杂草。这类除草剂可通过杂草的根芽鞘或下胚轴等部位吸收而产生毒效,如异丙甲草胺、乙草胺等。

②茎叶处理剂:把除草剂喷洒在杂草幼苗上,利用杂草茎叶的吸收和传导来消灭杂草,如草甘膦等。

(4)按施药时间分类

①播前处理剂:在作物播种前对土壤进行封闭处理。

②播后苗前处理剂:播种后出苗前进行土壤处理,主要作用于杂草的芽鞘和幼叶,吸收后向生长点传导,对作物幼芽安全。玉米田除草剂主要是该种类型,如乙莠水悬浮剂、禾宝乳油、都阿混剂、莠去津和乙草胺等。

③苗后处理剂:玉米出苗后,把除草剂直接喷洒到杂草植株上,如阿宝桶混剂、烟嘧磺隆。有的灭生性除草剂如百草枯、草甘膦等,可以在杂草生长中后期进行灭生性处理(定向用药),此时对标靶作物喷雾,在避免作物接触到药剂的条件下,进行苗后处理。

(5)按剂型分类

①水剂:水溶性除草剂,为一定浓度的水溶性药剂。

②水溶性粉剂:能直接溶于水中的固态除草剂,用水稀释后喷雾。

③可湿性粉剂:原药往往难溶于水或有机溶剂,故把它与惰性填料及湿润剂按比例均匀混合,粉碎至300目以上的细度,能用水稀释成悬浮液,是我国目前主要的加工剂型。

④悬浮剂:原药不溶于或极少溶于水和有机溶剂,是把细度很高的原药和一定数量的湿润剂、扩散剂、增稠剂等配成均匀的悬浮浓液体,对水后成稳定的悬浮液。

⑤乳油:一种均匀油状的液体剂型,由除草剂原药、有机溶剂和乳化剂融合而成,用水稀释后成乳状液喷洒。

⑥其他:油剂、粉剂、颗粒剂等。

除以上分类外,还可按化学结构分为无机除草剂、矿物油类除草剂和有机合成除草剂。

2. 除草剂的选用原则

首先,要根据当地玉米田主要杂草的种类,按照药剂说明来选择除草剂。其次,要混合、交替使用除草剂。同种除草剂连续使用多年,易导致杂草产生抗耐药性,所以要混合使用或年度间交替使用,才能达到长期控制草害的目的。第三、根据用药时期、杂草发生时期、杂草和作物的生育期,选定适合除草剂。

(三)常用除草剂及其使用方法

(1)播后苗前除草剂

①40%乙莠水悬浮剂:又名乙阿合剂、乙莠水悬乳剂,是乙草胺与阿特拉津的混配剂,是玉米田专用特效除草剂。除草谱广,而且杀草活性高,使用期长,对玉米田的一年生禾本科杂草(如马唐、狗尾草等)和一年生阔叶杂草(如藜、蓼、苋等)都有极好的防除效果。在玉米播种后和出苗前使用,每667平方米用量200～300毫升,田间持效期50～60天。对玉米及后茬作物小麦等都很安全,但在玉米拔节后用药,易产生药害。对大豆、花生敏感,不能用于

玉米与大豆、花生间作地。乙莠水悬浮剂大多用作播后苗前除草剂，但有时也可以在玉米苗后杂草 2 叶期前后使用。

该药除草效果与土壤湿度关系密切，湿度较大时药效好，土壤干旱时药效低。通常在施药前需浇一次水或在有雨时施用，有机质含量较低的砂壤土地使用本剂时应适当降低用药量。

②乙宝桶混剂：乙草胺与噻吩磺隆制成的混剂现混现用，玉米与大豆套种田或玉米田专用除草剂。防除一年生禾本科杂草及一年生与部分多年生阔叶杂草，田间持效期 30～60 天。在作物播种前或播后出苗前施药。配药时，先将宝收在小杯中用少量温水配成母液，倒入已盛一半水量清水的混药桶中，然后加入乙草胺，再加入另一半清水，搅匀，以扇形喷头施药，效果最佳。对玉米、大豆及后茬小麦等作物都很安全。

③50%都阿混剂：异丙甲草胺与莠去津的混剂，对马唐、牛筋草、狗尾草、画眉草、藜、凹头苋、反枝苋、萹蓄、鳢肠、苍耳、马齿苋、龙葵、地锦等一年生禾本科及一年生阔叶杂草均有较好的防除效果。每 667 平方米用 50%都阿混剂 130～200 毫升，对水 30～50 升，均匀喷于地表。在杂草 4 叶后用药防效降低，草龄越大，防效越差。

④50%禾宝乳油：是噻吩磺隆和乙草胺的混剂，对马唐、稗草、牛筋草、狗尾草、大画眉草、千金子、虎尾草、酸模叶蓼、小藜、灰绿藜、反枝苋、刺苋、凹头苋、马齿苋、铁苋菜、鳢肠及龙葵等一年生禾本科杂草和阔叶杂草最为有效，对部分多年生杂草和莎草科杂草也有明显的抑制作用。每 667 平方米用 50%禾宝乳油 60～100 毫升，加水 30～50 升均匀喷雾，土壤湿度适宜、墒情好时药效高，杂草幼芽对该药敏感，在玉米播后出芽前或出苗前期施药效果最好。

⑤40%莠去津胶悬液：又名为阿特拉津，该药是均三氮苯类选择性内吸型除草剂，可用于防除马唐、狗尾草、画眉草、牛筋草、荠

菜、鳢肠、苍耳、马齿苋、龙葵、地锦、刺儿菜等一年生禾本科杂草和阔叶杂草,以及十字花科、豆科等一年生的单、双子叶杂草,对某些深根性杂草也有一定的抑制作用。每667平方米用量200～300毫升,对水30～50升均匀喷雾。土壤持效期长达120～160天,在土壤中残留易危害后茬作物,因此要严格掌握用药剂量,不能随意加大用量,并注意施药均匀。阿特拉津对豆类作物敏感,在使用时要考虑下茬作物情况,避免产生药害,该药也可用做苗后处理剂。

⑥50%乙草胺乳油:为酰胺类选择性芽前除草剂,对牛筋草、马唐、稗草、狗尾草、画眉草、千金子、早熟禾、野黍等一年生禾本科杂草有特效,对双子叶杂草防除效果较差。每667平方米用量150～200毫升,对水30～50升均匀喷雾。对大豆、花生安全,也适用于玉米与大豆、花生间作地。土壤肥沃、有机质含量高的地块需加大剂量;土壤瘠薄、有机质含量低的地块应适当减少用药量。施药前最好浇地或有降雨,土壤有良好的墒情时药效发挥好。

⑦都尔:通用名为异丙甲草胺,剂型有50%乳油、72%乳油和96%乳油,为选择性芽前除草剂,防除禾本科杂草的效果优于阔叶杂草。每667平方米用量72%乳油100～150毫升,对水30～50升均匀喷雾。沙质土用低量,黏土用高量,若土壤表层干燥,最好浅混土。对下茬作物安全。

⑧甲草胺:剂型有43%和48%乳油,为酰胺类选择性芽前除草剂。该药除草活性高,能有效防除一年生禾本科杂草和某些阔叶杂草。每667平方米用量175～300毫升,对水30～50升均匀喷雾,在土壤中持效期为4～8周。施药后1周内如遇降雨或灌溉,有利于药效的发挥,干旱条件下施药后应浅混土,混土深度2～4厘米为宜,可提高除草效果。甲草胺对大豆安全,也适用于玉米与大豆间作地化学除草。

⑨丁草胺:剂型有50%乳油和60%乳油,是一种内吸传导型选择性芽前除草剂,主要通过杂草幼芽吸收,其次是通过根部吸

收，对萌动及2叶期以前杂草有效。对一年生禾本科杂草、莎草及一些阔叶杂草（如稗草、千金子、异型莎草、碎米莎草、牛毛毡、鸭跖草、节节草、尖瓣花等）有较好的抑制作用。每667平方米用50%丁草胺150～180毫升或60%丁草胺125～150毫升。丁草胺对大豆、花生安全，也适用于玉米与大豆、花生间作地，其除草特性与乙草胺很相似。如遇暴雨应及时排水，否则易产生药害。

（2）苗后除草剂

①玉农乐：通用名为烟嘧磺隆，剂型是4%悬浮剂，磺酰脲类选择性内吸传导型茎叶除草剂。适用于防除玉米田稗草、野燕麦、狗尾草、金狗尾草、马唐、牛筋草、野黍、反枝苋、龙葵、香薷、水棘针、荠菜、苍耳、苘麻、蒿属、刺儿菜、大蓟及鸭跖草等一年生杂草和部分多年生阔叶杂草。在玉米3～5叶期施药，每667平方米用4%玉农乐悬浮剂50～100毫升，对水喷雾。除草效果受土壤水分、温度影响较大，长期干旱、低温，空气相对湿度小于65%或气温高于35℃时不宜施药。对玉米安全，对后茬小麦、马铃薯、大蒜等作物无残留药害影响，但对小白菜、甜菜、菠菜等有药害。用过有机磷药剂的玉米田对该药敏感，甜玉米、糯玉米、爆裂玉米、自交系对该药敏感。

②宝成：通用名为砜嘧磺隆25%干悬浮剂，磺酰脲类苗后除草剂。可防除田蓟、马唐、鸭跖草、稗草、多花黑麦草、苘麻、反枝苋、猪殃殃、繁缕、虞美人等一年生和多年生禾本科杂草及阔叶杂草。在玉米苗后3～5叶期施药，每667平方米用药5～6克，对水50升进行茎叶喷雾。施药后遇低温、干旱防效受影响。甜玉米、爆裂玉米、糯玉米、自交系较敏感，不宜应用。

③阿宝桶混剂：是莠去津与砜嘧磺隆组成的玉米田现混现用的苗后一次性除草剂，可防除稗草、马唐、牛筋草、狗尾草、野燕麦、野高粱、藜、苋、风花菜、鸭跖草、荠菜、马齿苋和刺儿菜等多种禾本科杂草和阔叶杂草。在玉米3～5叶期施药，持效期适中，对当季

作物及后茬作物安全，干旱条件，也能达到很好的除草效果，药剂配制及使用见说明书，若加入喷液量0.1%～0.2%的非离子型表面活性剂或中性洗衣粉，可提高除草效果。

④2,4-D丁酯：72%乳油，内吸选择性除草剂，主要防治禾本科作物田中的双子叶杂草及某些恶性杂草。在玉米4～5叶期施药，每667平方米用72% 2,4-D丁酯乳油40～65毫升，对水35升左右，喷洒杂草叶面。对棉花、大豆、油菜、向日葵、瓜类等双子叶作物有害，使用时要有一定的隔离区。

⑤百草枯　又名克芜踪，20%水剂，为吡啶类化合物，速效灭生性触杀型除草剂，不能传导，只能使受药部位受害，药剂与土壤接触即被吸附钝化失效，玉米田可用于免耕除草或后期成株杂草的防除。在玉米6叶期至封行前，每667平方米用20%克芜踪水剂150毫升，在喷头上加保护罩喷洒垄间杂草，然后耥地盖住苗间杂草。喷药后24小时切勿让家畜进入喷药区。人误服中毒后，应立即催吐并送医院就治，百草枯目前没有特效解毒剂，但中毒时可口服漂白土（白陶土）进行救治。

⑤草甘膦　又称农达，有机磷类灭生性除草剂，具有内吸传导作用。能有效防除一年生、二年生禾本科、莎草科和阔叶杂草，对多年生恶性杂草如茅草、香附子、狗牙根有很好的防除效果。在玉米生长中后期，每667平方米用10%草甘膦水剂650～1 000毫升，对水30升，喷头上加保护罩，对杂草定向喷雾，尽量避免将药液喷到玉米茎叶上。

4. 除草剂使用注意事项

为了提高化学除草剂的防治效果，减少对农作物的危害和对环境的污染，在选择使用除草剂时应注意：①要根据田块的耕作方式、玉米品种类型、杂草种类、杂草和玉米生长发育的时期及除草剂施用方式、周围作物情况、土壤墒情等多种因素，综合考虑，选择适合的除草剂品种；②认真阅读商品说明书，严格按照推荐剂量和方法使用，不随意加大或减少药量，一般来说，在土壤有机质含量高和土壤含水量偏低的地块，应使用安全浓度的上限值；相反，应使用下限值；③播后苗前用药，土表要平整、细碎、墒情好，药剂对水量要足，每 667 平方米以 30～50 升为宜，可提高除草的效果；④防除杂草宜在杂草萌发阶段进行，杂草长到 9～10 厘米或分蘖后用药，则效果较差甚至无效。苗后除草剂在玉米 2 叶期以下或 6 叶以上使用，易产生药害；⑤不可长期单一使用一种除草剂，以防止杂草产生抗性，降低除草效果；⑥阿特拉津是长残效除草剂，持效期为 120～160 天，会对下茬敏感作物产生一定药害，生育期短的玉米田慎用，且每 667 平方米用量不能超过 250 毫升；⑦玉米田使用 2,4-D 丁酯对玉米进行茎叶喷雾，要严格控制在玉米 3～5 叶期进行，否则易产生药害，尤其是高温季节在夏播玉米田慎用；⑧一些玉米品种对烟嘧磺隆敏感，尤其是甜玉米、糯玉米、爆裂玉米和自交系上不能使用，前后 7 天左右使用有机磷药剂的玉米易出现药害；⑨百草枯是灭生性除草剂，不能喷洒到绿色作物上，要在喷头上加保护罩喷洒垄间杂草，然后耥地盖住苗间杂草，提高防效，减轻药害；⑩需要混用药剂时，要在专业人员的指导下配制和使用；玉米植株出现药害后要及时采取措施，如用清水冲洗受害部位、足量浇水，降低作物体内药物的相对浓度；摘除局部受害重的叶片，避免传导；追施速效化肥，促进作物迅速生长，提高植株自身抵抗药害的能力；喷施解毒剂(如九二 O 等)。

5. 施用器械和药液配制

(1)施用器械　各种型号和类型的喷雾器。药械要专用，用后要认真清洗，防止再次使用时对作物产生药害。

(2)药液配制　可湿性粉剂要先用少量水把药剂调成糊状，然后倒入喷雾器内，再加入需加的水量充分搅拌，防止药剂溶解不均匀，喷雾时阻塞喷孔。液剂要先在喷雾器中加入一定量的水，再加入该加的药量，然后加入需加的水量，并边加水边搅拌，忌先倒入药剂后加水，易造成在喷雾器吸水管处沉积，使先喷出的药液浓度高，容易产生药害，后喷出的药液浓度低，除草效果差。另外，药液要用清洁水配制，有些药剂加入浑浊水后易被泥土吸附钝化而降低药效，如草甘膦等。用水量一般为每667平方米30～50升。

(二)玉米种衣剂的使用

种衣剂又称为种子包衣剂，是一种用于作物或其他植物种子处理的、具有成膜特性的农药制剂。通常的种衣剂是由农药原药(杀虫剂、杀菌剂、激素和种肥等)、成膜剂、润湿剂、分散剂、渗透剂和其他助剂加工制成的，可直接或稀释后包覆于种子表面，形成具有一定强度和通透性的保护膜的水基悬浮制剂。该层物质随种子入土后，遇水膨胀而不被溶解，其中所含有效成分逐步释放，杀灭种子表面、种子内部和种子周围土壤中害虫和病菌，以提高发芽率，保全苗、促壮苗，提高产量。由于种衣剂减少了农药用量，节约了成本，减轻环境污染，提高了防治效果，具有便于机械作业、省工省时、节约用种等优点，越来越受到农民朋友的认可和欢迎。

1. 玉米田种衣剂的分类

(1)按成分分类

①化学型：主要成分为化肥、农药、微肥和激素等。是目前生产上大量使用的类型。

②生物型：以生物活性菌及其代谢物为主要成分，具有激活植株抗性和保护玉米植株的作用，是目前研究和今后使用的方向。

(2)按使用时间分类

①现包型：包衣种子不可久放，在播种前数小时或几天内用该类种衣剂包衣，衣膜固化后立即播种。

②预包型：包衣种子可贮存一定时间后播种。

(3)按功能分类

①单一型：功能专一，又分为杀菌剂型、杀虫剂型、营养型种衣

剂。特点是针对性强，药用效率高、效果好，国外种衣剂多属此类型。

②复合型：具有杀虫、杀菌、微肥、营养等两种以上功能。国内种衣剂多为此种类型种衣剂。

(4)按剂型分类　可分为悬浮剂、粉剂等。

2. 种衣剂的选用原则

第一，要选择玉米田专用种衣剂，不可使用其他作物的种衣剂来代替。

第二，要根据当地病虫害发生情况、土壤温湿度情况、土壤肥力状况和玉米种子类型、玉米苗期长相等多种因素，选择适宜的种衣剂。根据病虫害发生情况选择含对主要的防治对象有效成分的种衣剂；土壤干旱低温的地区，选择含烯唑醇成分的种衣剂时要慎重；土壤贫瘠、甜玉米种子、自交系种子要尽量选择含微肥的种衣剂；苗期长势弱的种子要选择添加生长调节剂成分的种衣剂。

第三，选择国家定点农药厂生产的种衣剂型号。要购买有批准证书、农药登记证号及标准证号的产品。

3. 常用种衣剂及使用方法　我国目前开发研制的玉米种衣剂主要为复合型种衣剂，是由具两种以上有效成分的药剂复配而成的，集杀虫、杀菌、微肥、营养等多项功能于一体。有效成分主要是杀虫剂、杀菌剂、微肥、调节剂等。玉米田常用种衣剂如下。

(1)立克秀　通用名为戊唑醇，2%制剂，三唑类内吸性广谱杀菌剂，主要防治玉米丝黑穗病，对纹枯病、全蚀病等土传病害有一定防效。一般发病情况下，每10千克种子用2%立克秀湿拌种剂30克；丝黑穗病高发地区每10千克种子用2%立克秀湿拌种剂60克。播种深度超过5厘米可推迟出苗。

(2)烯唑醇　5%微粉种衣剂，三唑类内吸性广谱杀菌剂，主要防治玉米丝黑穗病。采用1∶100～200药种比包衣处理玉米种子。播种后遇低温则严重影响出苗率。

(3)适乐时　通用名为咯菌腈，2.5%和10%，吡咯类非内吸性广谱杀菌剂，主要防治玉米镰刀菌引起的苗期根腐病。每100千克种子用2.5%咯菌腈悬浮种衣剂100～200毫升或10%适乐时悬浮种衣剂25～50毫升，包衣种子可以存放3年。

(4)满适金　35克/升咯菌·精甲霜灵悬浮种衣剂，对玉米苗期根腐病，尤其是腐霉菌引起的有特效。每100千克种子用3.5～5.25克种衣剂包衣。

(5)卫福　福美双与萎锈灵的混剂，40%悬浮剂，是兼具内吸和触杀作用的广谱杀菌剂，对各种苗期病害、土传病害、种传病害和烂种均有较好防效。每100千克玉米种子用卫福种衣剂300毫升，包衣种子可以存放1～2年。

(6)福·戊　福美双和戊唑醇复配种衣剂，含量类型繁多，主要防治苗期根腐病和丝黑穗病。

(7)帅苗　300克/升氯氰菊酯悬浮种衣剂，主要用于防治地下害虫，每100千克种子用种衣剂50～60克。

(8)劲苗　200克/升顺式氯氰菊酯悬浮种衣剂，主要用于防治地下害虫，每100千克种子用种衣剂30～35克。

(9)高巧　600克/升吡虫啉悬浮种衣剂，为新烟碱类杀虫种子处理剂，主要防治苗期的蚜虫、蓟马、飞虱等刺吸式口器害虫和小型甲虫，有内吸性、具有触杀和胃毒作用。通过作物根部吸收，向上输导至植株的各部位。

(10)丁硫克百威　各种含量的丁硫克百威种衣剂，能有效杀灭各类地下害虫和防治苗期害虫，对种子具有内吸、传导作用，对害虫具有触杀、胃毒作用，包衣种子可以贮放1年。

上述种衣剂基本上都可以和杀虫剂或杀菌剂或其他种衣剂混合使用，以扩大防治范围并提高防治效果。市场上存在多种含以上各种有效成分的复合型种衣剂，如，9.1%克·酮·戊唑、35%多克福、6.5%吡虫啉·高效氯氰菊酯·戊唑醇、双全、15%黑穗净和

17%吉农肆号等，选用时可以根据需要购买。

4. 种衣剂使用注意事项 ①选购正规厂家的种衣剂，选择自己或别人曾经使用过的效果好的种衣剂；②切忌将种衣剂加水进行喷雾施用；③药剂拌种后剩余的种子，不得食用或做饲料；④不能用处理种子的袋子来装食物和粮食，用完后应该焚烧或土埋销毁；⑤不要用手直接接触包衣的种子，播种过程中不要饮食、吸烟；播种后需用肥皂洗净手、脸等裸露处；⑥立克秀对水生生物有害，不得使药剂污染水源；⑦包衣的种子播种出苗后，禁止用间下来的苗饲喂牲畜。

5. 施用器械和药液配制

农户使用时最好用厚的塑料袋或编织袋处理种子，用后深埋或销毁。大量种子可用专用机械包衣。

药液配制：先按推荐剂量称量出拌种所需种衣剂；再按商品使用说明称量出所需用水，将所称的药剂与水混合成糊状，倒入盛放种子的塑料袋或其他容器中，来回摇动或搅动直到种子和药液混合均匀即可，拌好的种子放在阴凉处晾干后即可播种。

(三)玉米杀虫剂的使用

玉米田主要在苗期使用杀虫剂，防治地下害虫、刺吸式和锉吸式害虫，心叶期使用杀虫剂防治玉米螟、黏虫和蚜虫等，成株期后杀虫剂主要用于防治穗期害虫和蚜虫等，但因成株期玉米植株高大，使用杀虫剂困难。

1. 杀虫剂的分类

(1)按作用方式分类

①胃毒剂：经虫口进入其消化系统起毒杀作用，如敌百虫。

②触杀剂：接触害虫的体壁渗入虫体内，引起中毒死亡，如拟除虫菊酯等。

③内吸杀虫剂：被植物组织吸收并输导至全株，在一定时期

内，以原体或其活化代谢物随害虫取食植物组织或吮吸植物汁液而进入虫体，起毒杀作用，如吡虫啉。

④熏蒸剂：在常温下气化或分解生成毒气，经害虫呼吸进入虫体内，引起中毒死亡，如敌敌畏，既是熏蒸剂，同时也是胃毒剂。

(2)按毒理作用分类

①神经毒剂：作用于害虫的神经系统，如有机磷农药，大多数杀虫剂均属此类。

②呼吸毒剂：抑制害虫的呼吸酶，如用于防治仓储害虫的磷化铝。

③物理性毒剂：如矿物油剂可堵塞害虫气门，使害虫致死。

④特异性杀虫剂：这类药剂不直接杀死害虫，而是引起害虫生理上的异常反应，如灭幼脲类杀虫剂，可影响害虫的蜕皮。

(3)按来源分类

①无机和矿物杀虫剂：如石硫合剂。

②植物性杀虫剂：如拟除虫菊酯类药剂。

③有机合成杀虫剂：如乐果、溴氰菊酯、杀虫双等。

④生物杀虫剂：如 B. t 制剂。

2. 杀虫剂的选择原则 ①根据害虫体壁构造、口器、为害特点、发生规律选择高效的药剂；②尽量选择对人、畜和环境无毒或低毒的药剂，禁用高毒高残留农药；③田间发生多种害虫须用不同农药防治时，要选择无交互抗药性的农药。

3. 玉米田常用杀虫剂及其使用方法 玉米田常用的杀虫剂有：有机磷类、氨基甲酸酯类、菊酯类、苯甲酰脲类、新烟碱类、沙蚕毒素类、杀螨剂、生物制剂等八大类。

(1)有机磷类 是一类含有机磷化合物的合成杀虫剂，是我国使用最广泛、用量最大的一类杀虫剂，品种繁多。杀虫谱较宽，可防治玉米地下、食叶、钻蛀、刺吸式等不同类型的害虫。大多数品种具有触杀和胃毒作用，个别品种具有熏蒸作用。该类杀虫剂毒性较高,但在环境中易降解。有机磷类药剂和除草剂烟嘧磺隆同期使用易产生药害。常用有机磷类药剂有以下几种。

①敌敌畏:又称为DDV,50%乳油和80%乳油。具有触杀、胃毒、熏蒸和渗透作用,速效性好,但持效短仅1~2天。用80%乳油对水800~1 500倍液喷雾可防治玉米上的多种咀嚼式口器害虫,气温越高,杀虫效力越强。

②敌百虫:90%晶体、80%可溶性粉、2.5%和5%粉剂。具有胃毒作用和一定的触杀作用,常用敌百虫制成毒饵来防治地老虎、蟋蟀、蝼蛄等地下害虫。方法是用90%晶体敌百虫50克加少量水溶化,拌和麦麸、棉籽饼等5千克或切碎的鲜草制成毒饵,傍晚顺垄撒于作物根部。对有些玉米品种易产生药害。

③辛硫磷:制剂有50%乳油、2.5%微粒剂和3%颗粒剂。具有触杀作用和胃毒作用,无内吸传导作用,遇光易分解,不适于叶面喷雾。在玉米上主要制成颗粒剂防治地下害虫和心叶期玉米螟,在土壤中持效期可达1~2个月。拌种时用50%乳油100毫升对水5升稀释后拌50千克种子,防治地下害虫。

④毒死蜱:40%乳油、48%乳油。具有胃毒、触杀及熏蒸作用,无内吸作用。主要防治蚜虫、蓟马、盲蝽、灰飞虱等刺吸式或锉吸式害虫和叶螨,用500~1 500倍液喷雾。在土壤中持效期可长达60~120天,用80~187克/667平方米拌毒土撒施或在地下害虫发生初期于傍晚对水灌根、喷雾防治地下害虫,效果较好。对斜纹夜蛾、甜菜夜蛾也有一定的防效。

(2)拟除虫菊酯类 是一类仿天然除虫菊素化学结构的人工合成杀虫剂,低毒属神经毒剂。有触杀、胃毒作用,并有杀卵、拒食和驱避作用,无内吸和熏蒸作用。杀虫谱广,尤其是对多种鳞翅目害虫表现特效,多数品种对螨类无控制作用。低温条件有利于发挥药效,应选择早晨或傍晚喷药较好。易产生抗药性,不要盲目加大用药量。

①溴氰菊酯:2.5%乳油、2.5%可湿性粉剂。具触杀、胃毒作用与忌避活性,无内吸及熏蒸作用。用2.5%乳油2 000~3 000倍液喷雾,主要防治苗期玉米上的多种咀嚼式口器的食叶害虫和蚜虫、蓟马等,但对叶螨无效。

②甲氰菊酯:10%、20%乳油和10%可湿性粉剂。有触杀和胃毒作用,并有一定的忌避作用,无内吸和熏蒸作用。用20%乳油2 000~3 000倍喷雾,主要防治玉米田鳞翅目幼虫和叶螨。

③高效氟氯氰菊酯:又名功夫、三氟氯氰菊酯等,2.5%、5%、10%乳油和5%可湿性粉剂。有触杀、胃毒和驱避作用。5%乳油3 000倍液喷雾,可防治玉米苗期的多种咀嚼式口器食叶害虫和刺吸式或锉吸式害虫,如棉铃虫、玉米螟、黏虫、斜纹夜蛾、甜菜夜蛾、桃蛀螟、蚜虫、蓟马、叶蝉和盲蝽等。但对叶螨仅有抑制而无防治作用。高浓度时在玉米上易产生药害。

(3)氨基甲酸酯类　这类杀虫剂在化学结构上都含有一个氨基甲酸酯。多数品种有胃毒和触杀作用,有些兼有内吸或熏蒸作用,击倒快,持效期较长。对灰飞虱、部分鳞翅目幼虫有高效,而对螨类基本无效。大多数品种在气温较低时有较好的药效。

①西维因:通用名为甲萘威,25%和50%可湿性粉剂、5%粉剂,有触杀、胃毒作用和微弱的内吸作用。速效性差,施药后2天才发挥药效,持效期较长达7天以上。用50%可湿性粉剂500~800倍液喷雾,防治心叶期玉米螟、棉铃虫和飞虱等,也可用25%可湿性粉剂500克拌细土7.5~10千克,每株撒毒土1克于玉米心叶内防治玉米螟。瓜类对该药敏感,间作田要注意。

②丁硫克百威:5%丁硫克百威颗粒剂和20%乳油。具有触杀、以胃毒和内吸作用,杀虫广谱,持效期长。对玉米地下害虫和苗期多种刺吸口器、咀嚼口器害虫和叶螨均有很好的防治效果。一般用作拌种剂或种衣剂使用,也可用20%乳油1 500~2 000倍液喷雾。

(4)新烟碱类 此类药剂属于神经毒剂，作用于烟碱型乙酰胆碱受体。具触杀、胃毒和内吸作用，对刺吸式口器害虫如蚜虫、飞虱等防效优异。

①吡虫啉：有2.5%、10%、25%可湿性粉剂和5%乳油等多种剂型。具有触杀、胃毒和内吸等多重作用，速效性好，持效期长达25天左右。用10%吡虫啉2 000～2 500倍液喷雾，防治刺吸式口器害虫。温度高，杀虫效果好。

②啶虫脒：又名莫比朗，有粉剂、乳油和颗粒剂等多种剂型。具触杀、胃毒和内吸作用，速效性好，持效期长。用3%乳油2 000～3 000倍液喷雾，防治玉米田蚜虫、蓟马、飞虱等害虫，也可用颗粒剂防治地下害虫或心叶期玉米螟等。

(5)沙蚕毒素类 属神经毒剂。具有胃毒和触杀作用，多数品种有内吸作用，有些品种兼有一定的熏蒸、杀卵或拒食和驱避作用。速效性好，持效期一般达7～10天。

杀虫双：有25%水剂和3%、5%颗粒剂等多种剂型，具有胃毒、触杀、内吸传导和一定的杀卵和熏蒸作用，药效可达10天左右。对多种咀嚼式口器害虫、刺吸式口器害虫、食叶害虫和钻蛀性害虫有效。在玉米上常用25%杀虫双水剂500倍液喷雾防治蓟马、跳甲等，在心叶期撒施3%颗粒剂防治玉米螟，或用25%水剂按1∶1.5∶20拌种防治地下害虫等。马铃薯、豆类、高粱、棉花及十字花科蔬菜对该药敏感，间作田要注意药害。

(6)苯甲酰基脲类 是一类抑制昆虫的几丁质合成、使幼虫在蜕皮时不能形成新表皮，而导致其死亡或不育的昆虫生长调节剂。具胃毒和触杀作用，无内吸作用，有的品种对卵有一定抑制孵化的作用，对蛹能致发育畸形，或影响成虫产卵及使卵不能孵化。药效慢，持效期较长。对鳞翅目多种幼虫有高效。

灭幼脲：25%悬浮剂。具胃毒作用，兼有触杀作用，无内吸作用，速效性差，施药后7天左右出现死亡高峰，持效期15～20天。

一般用25%灭幼脲悬浮剂1 500～2 500倍液喷雾防治低龄棉铃虫、玉米螟、黏虫、夜蛾等鳞翅目幼虫。不易产生抗药性，耐雨水冲刷。对赤眼蜂有影响，释放赤眼蜂防治玉米螟的田块慎用。

(7)吡唑类　杂环类化合物，具有胃毒和触杀作用，有一定的内吸活性，对鳞翅目幼虫和蚜虫、蓟马、飞虱等刺吸式害虫和甲虫、叶螨有很高的杀虫活性，持效期长。

锐劲特：通用名为氟虫腈，有5%、20%胶悬剂和0.3%、1.5%、2%颗粒剂、5%和25%氟虫腈悬浮种衣剂等多种剂型。以胃毒作用为主，兼有触杀和一定的内吸作用。杀虫谱广，对玉米上的害虫均有很好的防效，主要用做种衣剂或撒施颗粒剂防治地下害虫，持效期长达4～5周。也可用5%锐劲特悬浮剂18～30毫升/667平方米，加水40～60升均匀喷雾，防治蓟马、飞虱、鳞翅目幼虫及其他害虫。

(8)生物制剂类　以微生物及其代谢产物生产制造的杀虫剂，如苏云金杆菌等。这类药剂无残毒，不会对环境造成污染。

①阿维菌素：由放线菌经发酵产生的代谢产物，属大环内酯类抗生素杀虫、杀螨剂。对螨类和潜叶蝇有特效。具有胃毒、触杀及微弱的熏蒸作用，无内吸传导和杀卵作用。持效期长达10～15天，对螨类可达1个月，不易产生抗药性。有乳油和粉剂等多种剂型和商品名称，如阿维菌素乳油、齐螨素、虫螨克、灭虫灵、害极灭等，使用时要详细看说明书。在玉米上常用1.8%阿维菌素3 000～4 000倍液喷雾防治叶螨和蚜虫、蓟马或各种食叶甲虫等。

②B. t制剂：苏云金芽孢杆菌制剂，有可湿性粉剂、悬浮剂和颗粒剂，是目前使用量最大的微生物杀虫剂。有多个变种，不同变种的杀虫谱上存在较大差异，主要防治鳞翅目害虫，有的品种也可防治直翅目、鞘翅目、双翅目和膜翅目害虫。具有胃毒作用，高效低毒，速杀性好，持效期长。对低龄幼虫效果好。在玉米上主要用粉剂或颗粒剂防治玉米螟和其他钻蛀性害虫，每667平方米用可

湿性粉剂(16 000)50 克，对水稀释成 2 000 倍液浇灌心叶；或每 667 平方米用菌粉 100～200 克，按 1∶30 的比例混细沙土施入心叶。30℃以上施药效果最好，施药后 24 小时内不宜喷施其他药剂。

③白僵菌：是一种真菌微生物杀虫剂，其杀虫有效物质是白僵菌的活孢子，为粉剂。见效慢，施药后 4～5 天才能见到害虫死亡。可防治多种鳞翅目害虫，玉米上主要用白僵菌封垛杀灭玉米秸秆垛内的越冬代玉米螟幼虫，或者采用 2.5×10^4 亿孢子/667 平方米剂量，撒施在玉米心叶里防治心叶期玉米螟。白僵菌需要相对湿度 90%左右时才能使害虫致病。菌液要随配随用，以免孢子过早萌发而失去杀虫能力。不能与杀菌剂混用。

封垛方法：选用每克 50 亿孢子量的白僵菌粉剂 50 克，用适量清水充分泡透后加入少量洗衣粉，并用手揉搓，将孢子完全洗入水中，用纱布将孢子液过滤，对水 50 升封一垛，可视秸秆垛大小适量增减药量。封垛时每平方米取一点，将机动喷雾器喷头插入不同深度均匀喷洒即可。

④菜喜：通用名为多杀菌素，对人、畜基本无毒，是土壤微生物产生的天然高活性物质，具有胃毒和触杀作用，以胃毒为主，用 2.5%菜喜悬浮剂 1 000 倍液可有效防治玉米螟、甜菜夜蛾、蓟马等多种害虫，其安全间隔期仅为 2 小时，因此特别适用于无公害甜玉米生产。

4. 杀虫剂使用注意事项

①认真阅读使用说明书，按照推荐剂量使用，不任得意提高药剂使用浓度；②绝大多数杀虫剂在碱性条件下易分解，因此不能与碱性物质混用；③了解农药的特性和害虫的生物学特征、特性以及发生规律，选择适宜的防治时期、有利的天气和时间、适宜的施药方法用药；④严格按照防治指标施药，综合治理害虫，充分利用和保护天敌；⑤不长期反复使用一种农药，要选择没有交互抗

药性的药剂交替使用,防止害虫产生抗药性;⑥不盲目混用农药,要按照先试验后混用的原则混用,防止减低药效或出现药害或增加对人、畜的毒性,造成不必要的损失;⑦配制和使用杀虫剂的过程中注意保护自己,不饮食,不吸烟;使用后要用肥皂洗净手、脸等裸露处;中毒后要及时送医院治疗。

5. 施用器械和药液配制 施用器械和药液配制,见除草剂部分。

(四)玉米杀菌剂的使用

玉米上的病害很多,但是多发生在生长后期,植株高大,田间郁闭,不适宜用药,一般用抗病品种来防治。所以,玉米上使用的杀菌剂很少,主要作为种衣剂的成分防治种子腐烂病和苗期根腐病、丝黑穗病、纹枯病等;前期细菌性病害常用农用链霉素防治。

1. 玉米杀菌剂的分类

(1)按作用方式分类

①保护性杀菌剂:是在病菌入侵植物体内之前,从表面杀菌或阻止病菌入侵的杀菌剂,如波尔多液。

②治疗性杀菌剂:是在植物发病或感病后,杀菌剂进入植物体内对植物或病部发生作用而达到减轻或消除病害的目的,如甲霜灵。

(2)按在植物体内传导特性分类

①内吸性杀菌剂:能被吸收进入植物体内,并可以随植物体液输导、存留或产生代谢物,起到防治作用的杀菌剂,如三唑酮。

②非内吸性杀菌剂:不能被植物吸收进入体内的杀菌剂,如福美双。

(3)按防治对象分类 ①杀真菌剂;②杀细菌剂;③病毒钝化剂。

(4)按使用方法分类 ①种子处理剂;②土壤消毒剂;③喷

洒剂。

(5)按原料来源分类　无机、有机、取代苯类、三唑类、抗生素类、有机磷类、有机砷类、复配杀菌剂以及生物杀菌剂等多种。

2. 杀菌剂的选择原则　①根据病害诊断结果，搞清楚是何种类型的病原物，并选择针对性药剂进行防治；②根据病害发生的不同时期选择药剂；③根据不同的施药方式选择药剂。

3. 常用杀菌剂及其使用方法

(1)戊唑醇　见种衣剂的立克秀。

(2)烯唑醇　见种衣剂的烯唑醇。

(3)福美双　50%可湿性粉剂。保护性杀菌剂，对多种病害有较好的防治效果。在玉米上常用作种子处理剂、土壤处理或喷雾。按剂量0.125%(有效成分)拌种，防治苗期根腐病和种子腐烂病。也可用50%福美双可湿性粉剂500～800倍液喷雾，防治各种叶斑病。

(4)甲霜灵　25%可湿性粉剂和35%拌种剂。内吸性杀菌剂，对霜霉、腐霉等病原菌引起的玉米苗期根腐病和种子腐烂病、疯顶病有良好的防治效果。主要用于拌种和灌根。防治苗期根腐病用25%可湿性粉剂500～800倍液，于发病初期，每株灌药液0.25千克，每隔10～15天1次；或用35%拌种剂按种子量的0.3%～0.5%拌种。

(5)多菌灵　有25%、50%可湿性粉剂等多种剂型。内吸性杀菌剂，有治疗和保护作用。是一种广谱性杀菌剂，对多种病害有防治效果。可用50%可湿性粉剂600～800倍液叶面喷雾。

(6)甲基硫菌灵　又名甲基托布津，主要为70%可湿性粉剂，广谱内吸治疗性杀菌剂，对多种真菌性玉米病害均具有很好的防治效果，特别对玉米叶斑病防效好。一般使用70%可湿性粉剂800～1 000倍液喷雾。

(7)代森锰锌　主要为50%、70%和80%可湿性粉剂，广谱保护性杀菌剂，对玉米的多种真菌性病害均具有很好的预防效果。一般使用50%可湿性粉剂500～600倍液，或70%可湿性粉剂800～1 000倍液，或80%可湿性粉剂800～1 000倍液均匀喷雾。

(8)三唑酮　15%、25%可湿性粉剂和20%乳油。内吸性杀菌剂，具有保护和治疗作用，还有一定的熏蒸作用。持效期较长，对玉米锈病、褐斑病有一定的防治效果，可用25%可湿性粉剂2 000～3 000倍液，每隔15～20天喷1次，连喷2～3次。

(9)农用链霉素　又名农用硫酸链霉素，72%可溶性粉剂，有内吸作用，主要防治玉米细菌性病害。发病初期稀释4 000倍液喷雾，每隔7～10天喷1次，连喷2～3次，可防治玉米细菌性茎腐病；或用4 000倍液于发病初期灌根，每株灌药液0.25升，每隔6～8天灌1次，防治细菌性根腐病。

(10)井冈霉素　主要用于防治玉米纹枯病，常用药土点“喇叭口”法，于发病始期每667平方米用井冈霉素200克拌过筛无菌细土20千克点入玉米“喇叭口”内，有很好的防治效果。若喷雾防治，在灌浆初期效果最好，每667平方米用20%井冈霉素可湿性粉剂50克对水60千克，或5%井冈霉素水剂200～250毫升对水50升喷雾，对准茎秆基部喷雾，若在该时期先剥除病叶，再用井冈霉素加以保秆，效果很好，防效可达90%以上。

4. 杀菌剂使用注意事项

①认真阅读使用说明书，按照推荐剂量使用，不任意提高药剂使用浓度；②根据玉米上病害发生的部位和发生时期，选择适宜的施药方法，保证施药质量；③药剂混用时，要先稀释一种单剂，再用该稀释液去稀释另一种单剂，不要分别稀释后再混合，更不可先将两种单剂混在一起后再加水稀释；④轮换使用不同类型的杀菌剂品种；⑤安全使用农药。

5. 施用器械和药液配制　施用器械和药液配制，见除草剂部分。

思考题

1. 玉米病害诊断的步骤有哪几个?
2. 玉米病害上常见的病状和病症有哪些?举例说明。
3. 玉米上的主要害虫天敌有哪些?
4. 举例说明玉米田有哪些常用的除草方法?

第三章　玉米真菌性病害

真菌性病害是玉米病害中种类最多的，玉米品种审定时拥有“一票否决权”的病害基本上都是真菌性病害（表 1）。据报道，我国常见的真菌性病害约 20 多种，如，大斑病、小斑病、灰斑病、弯孢菌叶斑病、褐斑病、圆斑病、锈病、交链孢叶斑病、离蠕孢叶斑病、北方炭疽病、纹枯病、鞘腐病、烂籽病、苗期根腐病、茎腐病、黑束病、全蚀病、顶腐病、丝黑穗病、瘤黑粉病、伪黑粉病、穗腐病和疯顶病等。

表 1　各生态区玉米品种审定需要鉴定的病虫害种类

种植类型	组　别	鉴定的病(虫)害种类
夏玉米组	京津唐组	小斑病、茎腐病、大斑病、矮花叶病、弯孢菌叶斑病、玉米螟
	黄淮海组	小斑病、茎腐病、大斑病、矮花叶病、黑粉病、弯孢菌叶斑病、玉米螟
春玉米组	西北组	丝黑穗病、大斑病、茎腐病、小斑病、矮花叶病、玉米螟
	东华北组	丝黑穗病、茎腐病
	东北早熟	丝黑穗病、大斑病、茎腐病、弯孢菌叶斑病、玉米螟
	极早熟组	丝黑穗病、茎腐病、大斑病、弯孢菌叶斑病、玉米螟
	西南、武陵山区组	纹枯病、大斑病、茎腐病、丝黑穗病、小斑病、玉米螟
一年多季	东南组	纹枯病、大斑病、丝黑穗病、小斑病、茎腐病、玉米螟

注：下划线的为“一票否决权”的病害

一、根茎部病害

此类病害基本上都是由多种病原菌单独或复合侵染引起，病原菌种类复杂，可在土壤、种子、病残体上存活和传播。许多病原菌还可侵染小麦。近年来，小麦玉米连作区推广的秸秆还田和免耕直播技术，为田间土壤中病原菌的生存、繁殖和积累提供了条件，在一定程度上加重了此类病害的发生程度。

种子包衣和拌种处理，可有效地防治玉米烂籽病和苗期根腐病，并减轻茎腐病的发生，但是对黑束病效果不明显。利用抗病品种和健康栽培来提高植株抗病能力，可减轻病害的发生，植株一旦发病，没有有效的补救措施。

(一)烂 籽 病

又称种子腐烂病，是由多种病原菌引起的一类病害的总称。

1. 症状　种子不发芽，可见明显的霉变，或种子发芽后腐烂不出苗。初期可在种子、芽顶端或芽上见到水浸状病斑，进而整个籽粒腐烂。湿度大时，根据致病菌的不同，在病部可见白色、黄色、粉红色、红色、紫色、青色及黑色的霉层。

2. 病原　由多种病原菌单独或复合侵染引起。在播种出苗时干旱的地区最重要的致病菌为镰刀菌，其中有串珠镰刀菌(*Fusarium moniliforme*)、串珠镰刀菌胶孢变种(*F. moniliforme* var. *subglutinans*)、禾谷镰刀菌(*F. graminearum*)、茄类镰刀菌(*F. solanigrew*)、尖孢镰刀菌(*F. oxysporum*)、木贼镰刀菌(*F. equiseti*)、腐皮镰刀菌(*F. solani*)、同色镰刀菌(*F. concolor*)等；在潮湿的地区，常见的病原菌有腐霉菌(*Pythium* spp.)和丝核菌(*Rhizoctonia zeae*)等，包括瓜果腐霉菌(*Pythium aphanidermatum*)、肿囊腐霉菌(*P. inflatum*)、禾生腐霉菌(*P. graminicola*)、

强雄腐霉菌(*P. arrhenomanes*)和棘腐霉菌(*P. acanthicum*)等。

其他常见的病原菌还有青霉菌(*Penicillium* spp.)、枝孢菌(*Cladosporium* spp.)、囊孢壳菌(*Botryosphaeria festucae*)、曲霉菌(*Aspergillus* spp.)、根霉菌(*Rhizopus nigricans*)、木霉菌(*Trichoderma viride*)、链格孢菌(*Alternaria alternata*)、粉红聚端孢(*Trichothecium rosum*)和长蠕孢菌(*Helminthosporium* spp.)等。

3. 发病条件及规律 种子在萌发时,易受许多经土壤或种子携带的真菌的侵染,致使种子腐烂或芽枯萎,造成缺苗断垄。种子在收获前感染穗粒腐病,或收获贮藏时的霉变,是种子带菌率高的主要原因。另外,种子成熟度差,发芽率低,种子有虫蛀、机械损伤或遗传性爆裂、丝裂病等都会加重该病的发生。土壤中存在致病菌是发病的另一主要诱因,主要致病菌的种类受气候、环境、土壤类型、土壤温湿度、通气情况、种植模式、耕作方式等诸多因素的影响,土壤中害虫发生严重也会加重该病的发生。病害症状、发病规律及危害程度也随主要致病菌的不同而存在很大差异,病原菌直接或通过伤口侵入种子或芽,形成病斑,进一步引起种子或芽的腐烂。

4. 防治方法 目前,用拌种剂给种子包衣是该病防治的最佳方法,要根据主要致病菌的不同,选择合适的药剂。如果当地气候潮湿,播种时土壤湿度较大,一般选择满适金等对腐霉菌防治效果较好的包衣剂(包衣比例为1∶1 000,即1千克包衣剂可包1 000千克种子);如果播种时气候干燥,土壤墒情不足,要选择咯菌腈(每100千克种子用2.5%咯菌腈100～200毫升或10%咯菌腈25～50毫升拌种)、卫福200 FF种衣剂、黑虫双全种衣剂等对镰刀菌防治效果较好的药剂;防治立枯丝核菌,采用丝核净或含井冈霉素、多菌灵等药剂成分的拌种剂;地下害虫严重的地块,可选择帅苗,或同时含丁硫克百威、辛硫磷等杀虫成分的拌种剂。也可以根据当地情况选择适合的药剂来拌种或包衣。

(二)苗期根腐病

又称根腐病或苗枯病。由多种病原菌单独或复合侵染引起，是苗期玉米根部或近地的茎组织腐烂病的总称。危害较为严重的有镰刀菌、腐霉菌和立枯丝核菌。

1. 症　状

(1)镰刀菌苗期根腐病　发病较缓慢，在玉米3～6叶期时，地上部生长受到抑制，株型矮小，下部叶片从叶缘处开始出现黄化症状，进而叶片或整株变黄，或沿叶脉方向出现黄绿相间的条纹，或黄褐色条斑；中胚轴和须根上有水浸状、黄褐色至粉红色、紫色病斑，或腐烂、或缢缩。轻者可在滋生水根后减轻症状，但长势明显减弱，后期则影响产量，或发展成茎腐病；严重者干枯死亡，造成缺苗断垄。

(2)腐霉菌苗期根腐病　发病较快，发生的时期同上，植株茎叶呈灰绿色失水干枯或叶片从边缘向内迅速变黄干枯，根或茎基部组织呈水浸状软腐，表皮易溃烂脱落，露出维管束组织，病部呈褐色，无特殊气味，湿度大时可见白色霉层。

(3)立枯丝核菌苗期根腐病　主要症状是根或茎基部变褐坏死，地上部从下部叶鞘开始发病，逐渐向叶片及心叶扩展。叶片和叶鞘初期形成暗绿色、水浸状的同心斑，呈椭圆形或不规则形，中央灰褐色，多个病斑迅速蔓延并合成云纹状斑块，包围整个叶鞘直至使叶鞘腐败，并引起叶枯；病斑也可纵向扩展到叶片，在叶片上出现黄褐色云纹状斑；田间湿度大时，病斑上可见白色菌丝体。

2. 病原　有20余种病原菌可以引起该病，主要分为镰刀菌(*Fusarium* spp.)、腐霉菌(*Pythium* spp.)和立枯丝核菌(*Rhizoctonia solani* Kühn)，其他还有蠕孢菌、链格孢菌(*Alternaria alternata*)、粉红聚端孢(*Trichothecium rosum*)等。镰刀菌中则以串珠

镰刀菌(*Fusarium moniliforme*)、串珠镰刀菌胶孢变种(*F. moniliforme var. subglutinans*)、禾谷镰刀菌(*F. graminearum*)和尖孢镰刀菌(*F. oxysporum*)等为主,腐霉菌以瓜果腐霉菌(*Pythium aphanidermatum*)、肿囊腐霉菌(*P. inflatum*)和禾生腐霉菌(*P. graminicola*)等为主。不同地区病原菌组成因生态环境的不同而略有差异。

3. 发病条件及规律　侵染源为带菌土壤、种子和病残体,直接或通过根部伤口侵入,在根的表皮形成病斑后,逐渐扩展至维管束,造成根呈段状腐烂,严重时致使整个根系坏死,整株死亡;条件不适时病斑也不再扩大,等到玉米生长后期再进一步发展,引起茎腐病。土壤通透性差、含水量高、田间管理粗放、地下害虫严重的地块,均会不同程度地诱发或加重该病。由于主要病原菌可在土壤和病残体中存活,随着免耕技术的大面积推广,田间病原菌基数增大,该病有逐渐加重的趋势。

4. 防治方法　该病易防难治,应以预防为主。①选择抗病品种,品种间抗病性存在显著差异;②购买含有效杀菌剂的包衣种子;③用合适的包衣剂、拌种剂处理种子,药剂的选择标准同烂籽病。

(三)顶腐病

玉米植株顶端腐烂病的总称,主要由两种类型病原菌引起:串珠镰刀菌亚黏团变种和细菌,细菌引起的顶腐病是细菌性茎腐病的一种症状,将在第四章中详细叙述。

1. 症状　主要在玉米6叶1心至大喇叭口期发病。典型症状为顶部叶片残缺,或短小畸形,或皱褶扭曲,残缺边缘似刀削状,颜色发黄。心叶期发病,外部心叶从叶基部开始腐烂干枯,紧紧包裹内部心叶,整个心叶不能展开而呈鞭状扭曲,腐烂组织没有特殊气味;有的病株心叶基部有似刀刻状纵向开裂,叶片沿裂口边缘出现黄色失绿的条带,似害虫为害状;后期易导致叶片畸形、皱缩或扭曲。抽雄后发病,雌穗上部叶片短小、叶尖枯死或残缺不全;感病植株常出现不同程度的矮化,剖开茎基部可见有纵向开裂及褐色病变,茎内组织过度纤维化;重度感病植株后期多不能抽出正常雄穗,雌穗小且多不结实,甚至整株枯萎死亡。和其他腐烂病的主要区别为病部腐烂组织为干腐。

2. 病原 为串珠镰刀菌亚黏团变种(*Fusarium moniliforme* var. *subglutinans* Wr. &Reink)。

3. 发病条件及规律 病原菌可在土壤和病残体中存活,也可以随种子行远距离传播,玉米生长季节,分生孢子一般从伤口或茎节、心叶等幼嫩组织侵入,直接造成腐烂,或者产生毒素抑制生长点的发育,导致植株发育畸形;也可以进行局部侵染,系统发病;病害造成的破损常伴随有细菌性腐烂。病原菌在玉米全生育期均可侵入,吐丝前均可出现症状。播种时遇持续低温,玉米幼苗长势减弱,病原菌易侵入;大喇叭口期的连续阴雨天气有利于发病;风雨、机械损伤、虫害(尤其是蓟马、蚜虫等)均会加重该病。低洼地块、土壤黏重地块、含水量高的地块发病重。

4. 防治方法 ①由于品种间抗病性差异显著,选择种植抗病品种可有效地控制顶腐病的发生。②在发病初期可选用药剂防治,常用50%多菌灵可湿性粉剂,或75%百菌清可湿性粉剂,或80%代森锰锌可湿性粉剂等杀真菌药剂,配合农用链霉素等杀细菌药剂对水灌心。③常年发病地块可采用包衣种子或药剂拌种的方法防治,包衣或拌种药剂见苗期根腐病的防治。

(四)茎腐病

玉米茎腐病又称玉米茎基腐病、青枯病,是成株期茎基部腐烂病的总称。主要有真菌性和细菌性两类,细菌性茎腐病见第四章相关内容。

1. 症状 玉米茎腐病多在玉米乳熟期以后出现典型症状，有两种症状类型。

（1）青枯型 发病初期，整株叶片突然褪色、无光泽，似开水烫过，1～7天内发展为青灰色干枯，茎基部发黄变褐，内部空松，手可捏动，根系呈水浸状或红褐色腐烂，果穗下垂。

（2）黄枯型 病株叶片从下部开始逐渐变黄，植株早死，果穗下垂，茎基部变软，剖秆检查，可见病节内部组织腐烂，维管束呈丝状游离，褐腐或红腐，根系腐烂破裂，表面和内部变为粉红色至褐色，须根减少。植株早死导致粒重下降直接造成产量损失，或者植株茎节变软、倒伏，造成间接产量损失。

2. 病原 引起茎腐病的病原菌有20余种，可由一种病菌单独侵染，也可几种病原菌复合侵染。不同地区间的病原菌种类有较大差异，主要有镰刀菌（*Fusaritum* spp.）和腐霉菌（*Pythium* spp.）两大类群，包括禾谷镰刀菌（*Fusarium graminearum*）、串珠镰刀菌（*F. moniliforme*）、串珠镰刀菌胶孢变种（*F. moniliforme* var. *subglutinans*）、瓜果腐霉菌（*Pythium aphanidermatum*）、腐皮镰刀菌（*F. solani*）、同色镰刀菌（*F. concolor*）、木贼镰刀菌（*F. equisti*）、肿囊腐霉菌（*P. inflatum*）、禾生腐霉菌（*P. graminicola*）、强雄腐霉菌（*P. arrhenomanes*）和棘腐霉菌（*P. acanthicum*）等。

3. 发病条件及规律 玉米茎腐病的侵染源为带菌的土壤、种子和病残体，全生育期均可从根、茎基部及近地茎节处通过伤口或者直接侵入。病原菌侵入后在上述各处形成病斑，病原菌在组织内蔓延，最后到达茎基部，堵塞维管束，地上部因得不到水分和营养而干枯死亡。条件不适宜时，病原菌的生长速度较慢，玉米乳熟期后，再进入显症期。

腐霉菌茎腐病适宜在潮湿环境下发生，发病较急，多为青枯型，病部为湿腐，湿度大时有白色霉层；高温多雨、土壤湿度大的地区容易发生。镰刀菌茎腐病在相对干旱的地方容易发生，发病缓慢，多为黄枯型，初期和缺素症、早衰不易区分，病部为干腐，为褐色、红色或紫色；前期干旱，灌浆后遇雨易大面积发生。由于镰刀菌是小麦、玉米的共同病原菌，同时也是秸秆田间腐烂的主要菌群。因此，小麦玉米连作区、连续多年秸秆还田或免耕的地块发病较重。

4. 防治方法　由于该病为全生育期侵入且后期发病的病害，所以单纯的杀菌剂种子包衣或者拌种，防治效果均不理想。目前，种植抗病品种是防治的主要方法；其次是选择生物型种衣剂 ZSB，有一定的防治效果，2.5%咯菌腈悬浮种衣剂或满适金种衣剂包衣也可降低部分发病率；增施钾肥、及时排除田间积水、重病田避免秸秆还田等措施也可减少茎腐病的发生。

(五)黑束病

又叫黑点束病、维管束黑化病，也有人认为是茎腐病的一种。

1. 症状　玉米乳熟期开始发病，植株大面积枯死。发病初期叶片中脉首先变红，叶片上出现淡紫色或紫红色的不规则条斑，后整个叶片和茎均变成紫红色或紫褐色。叶片从叶尖向叶基部形成黄白色或紫褐色条斑，整株从顶部向下迅速干枯。剖开茎秆可见维管束组织变成褐色或黑色坏死，并延伸达几个节间。其他症状有植株无穗、有穗但不结实或结实少、过度分蘖和果穗增生等。条件适宜时，在叶片基部、叶鞘上可出现白色至粉红色霉状物。

2. 病原　直枝顶孢霉菌(*Acremonium stictum* W. Gams)，异名为：顶头孢(*Cephalosporium acremonium* Corda)。是一种兼性腐生菌。

3. 发病条件及规律　主要通过种子传播，带菌的土壤和病残体也是初侵染源。病原菌直接或通过伤口从根部侵入后，进入维管束组织；也可侵染叶片和叶鞘，通过维管束扩展侵入茎部组织并引起发病。土壤含氮量高、含钾量低时容易感病，土壤含水量过高或过于干旱、高温高湿均有利于病原菌的侵染。

4. 防治方法 种植抗病品种是目前惟一有效的防治方法。另外，不从疫区调种，病田轮作、销毁病株、减少氮肥用量、增施磷钾肥、合理灌溉等均可在一定程度上减轻危害。

（六）全蚀病

该病是玉米根部的一种土传病害。

1. 症状 苗期发病，地上部表现为苗黄且苗弱、生长较慢，根上出现长椭圆形的栗褐色病斑。成株期发病，叶尖、叶缘先变黄，再向叶基和中脉扩展，最后整株叶片自下而上变为黄褐色枯死。湿度大时，根系腐烂，茎秆松软，易造成倒伏。收获后，根皮黑光发亮，延伸至根基，剥开茎基，表皮内侧有小黑点，即为病菌的子囊壳。

2. 病原 禾顶囊壳玉米变种[*Gaeumannomyces graminis* (Sacc.) Arx et Olivier var. *maydis* Yao，Wang et Zhu]。

3. 发病条件及规律 病原菌以菌丝体随病残体在土壤中越冬，翌年，病菌从种子根系侵入，再向次生根蔓延，进而危害整个植株。高温多雨天气，有机质含量低的地块发病重。

4. 防治方法 ①种植抗病品种。②选择合适的种衣剂进行种子包衣。③精耕细作，合理轮作，清除病源。④增施有机肥，改良土质。⑤用3%三唑酮或三唑醇复方颗粒剂，每667平方米21.5千克，或50%多菌灵可湿性粉剂30克，或70%禾丰锌(Kingfolzinc)9毫升，或25.9%回生灵(络氨铜·络锌·柠铜水剂)20毫升等药剂，穴施或喷施。

二、叶部病害

此类病害主要发生在玉米生长后期的叶片上，形成大小不一的病斑，占据叶表面，直接影响植株的光合作用，降低光合效率，影响果穗的大小和籽粒的灌浆程度，造成果穗瘦小，籽粒干瘪，产量降低。叶部病害还会导致植株抗性降低，易被其他病原菌侵入，引起早衰、倒伏甚至造成更大的损失。此类病害的病原菌可通过气流、风雨进行远距离传播。条件适宜时，病原菌从侵入到产生分生孢子传播危害仅数天时间，一个生长季节可有多次再侵染循环，易造成病害的大面积暴发流行。严重时，植株很快枯死，产量损失很大。

由于病害发生时植株高大，田间郁密，施药困难，所以最有效的防治方法是种植抗病品种。病害发生初期，人工清除病叶并集中销毁，可减少再侵染来源，减轻病害的危害。病原菌在病残体上越冬，翌年产生分生孢子传播，所以重病田要避免秸秆还田，提倡秸秆腐熟还田或牛羊等过腹还田。

(一)大斑病

1. 症状 主要危害玉米叶片，严重时苞叶和叶鞘上也可见连片病斑。病斑初期为点状，呈水浸样，后为灰绿色干枯，很快沿叶脉向两边发展为长梭形大病斑。一般大小为50～100毫米×5～10毫米，有些病斑长达200毫米以上。传统病斑主要有两种类型，一种为黄褐色，中央灰褐色病斑，病斑较大，后期中心常出现纵裂现象，当叶片上形成大量病斑时，导致整叶枯死，该类型常出现在感病品种上。另一种病斑呈萎蔫状，淡灰色或灰绿色，病斑较小，出现在具有抗性的品种上。近年来，在部分抗病品种上出现了第三种病斑类型，呈紫红色，病斑较小，周围有黄色或淡褐色褪绿晕圈，不产生孢子或极少产生孢子。病害一般从中下部叶片开始发病，逐渐向上部蔓延，严重时整株枯死。气候潮湿时，病斑上产生大量灰黑色霉层。

2. 病原 大斑突脐孢菌[*Exserohilum turcicum* (Pass.) Leonard et Suggs]。目前，我国已发现15个生理小种，其中优势生理小种有0号小种(对已知的4个抗病基因Ht1、Ht2、Ht3、HtN均不致病)，1号小种(对Ht1基因致病)。

3. 发病条件及规律 整个生育期均可发病，但苗期发病较轻。初侵染源为病残体上的病原菌，随气流、雨水传播到植株上引起发病，在生长季节条件适宜时可发生多次再侵染。温、湿度是病害流行的关键因素，当气温在18℃～27℃、湿度90%以上时宜暴发流行；干燥、温度高于30℃，对病害有抑制作用。吐丝前发病，产量损失可高达50%，蜡熟期后发病，产量损失较小。

4. 防治方法 由于大斑病多在玉米抽雄后发病，此时田间玉米植株较高，施药困难，因此种植抗病品种是最好的防治方法。其他的措施有：①加强栽培管理，不偏施氮肥，增施磷、钾肥；②合理密植，降低田间湿度；③清除田间病残株，重病田避免秸秆还田或采用与其他作物轮作的方式；④开始出现病斑时，如有必要可用70%甲基硫菌灵，或10%世高，或70%代森锰锌，或50%多菌灵，或30%戊唑·多菌灵等杀菌剂喷雾，每隔7～10天施1次，连续施药2～3次。

(二)小斑病

1. 症状 病斑主要出现在叶片上，有时也会在叶鞘、苞叶、果穗上发现。病斑初期为水渍状半透明的小斑点，后逐渐扩大形成不同形状的黄褐色病斑。常见病斑有三种类型：①病斑受叶脉限制，两端呈弧形或近长方形，病斑上有时出现轮纹，黄褐色或灰褐色，边缘深褐色，大小为2～6毫米×3～22毫米；②病斑较小，为梭形或椭圆形，黄褐色或褐色，大小为 0.6～1.2 毫米×0.6～1.7 毫米；③病斑为小点状坏死斑，黄褐色，边缘紫褐色或深褐色，周围有褪绿晕圈，此类型产生在抗性品种上。叶片上的病斑类型由生理小种及品种的遗传特性共同决定。病斑密集时可连接成片，形成较大型的枯斑，甚至整个叶片枯死。多雨潮湿条件下病斑上可见黑褐色霉层。

2. 病原　玉米离蠕孢菌[*Bipolaris maydis*（Nisikado et. Miyake）Shoemaker]，病原菌有 3 个生理小种，具有细胞质专化性。我国优势小种为 O 小种，而 T 小种和 C 小种出现较少。

3. 发病条件及规律　玉米整个生育期均可发生，但抽雄后发病最重。多从植株下部叶片开始发病，逐步向上蔓延扩展。病原菌在病残体上越冬，随气流和雨水传播，适宜的条件下，在 60～72 小时内便可完成一个病程，一个生长季节可有多次再侵染。温度、湿度和降雨是病害流行的关键因素，当气温在 26℃～32℃、田间湿度较高时，病原菌易萌发侵染。其他如抽雄后脱肥、地势低洼、排水不良、土壤通透性差、播种过迟、种植密度较大等均利于发病。

4. 防治方法　①种植抗病品种。②加强田间管理，秸秆粉碎后深翻入田，减少病菌的初侵染来源；合理密植，变等距播种为宽窄行种植，降低田间湿度，改善田间通风透光条件；重病田实行轮作；合理施肥，控制氮肥，增施磷钾肥。③在病斑开始出现时，可用杀菌剂喷雾，药剂使用和施药方法同防治大斑病。

（三）灰斑病

1. 症状　病斑主要发生在叶片上，条件适宜时也可侵染叶鞘和苞叶。发病初期为水渍状斑点，以后逐渐扩展为浅褐色条纹或不规则状病斑，逐渐变为灰色、灰褐色或黄褐色，有的病斑边缘为褐色。成熟病斑沿叶脉扩展并受叶脉限制，两端较平，边界清楚，多呈长方形（这是区别于其他叶斑病的主要特征），大小为 0.5～4

毫米×0.5～30毫米。病斑可细分为7种反应类型：RH型(长矩形具褪绿晕圈病斑)、RN型(长矩形无褪绿晕圈病斑)、IRH型(不规则形具褪绿晕圈病斑)、IRN型(不规则形无褪绿晕圈病斑)、SH型(斑点形具褪绿晕圈病斑)、RI型(长矩形与不规则形混合病斑)和RS型(长矩形与斑点形混合病斑)。有时病斑连片，严重时常导致叶片枯死，田间湿度大时可在病部产生灰色霉层。

2. 病原 玉蜀黍尾孢菌 *Cerosporazeae-maydis* Tehon et Daniels。

3. 发病条件及规律 玉米全生育期均可发病，从下部叶片开始发病，逐渐扩展至整株。病菌可在病残体或种子上越冬，翌年产生的分生孢子成为初侵染源。病原菌可借助风雨传播，通过气孔侵入，一个生长季节可造成多次再侵染。发病的最佳温度为25℃，最佳湿度为100%或者有水膜存在。因此，降水量大、相对湿度高、气温较低的环境条件有利于病害的发生和流行。过量施用氮肥可加重灰斑病流行；少耕或免耕田块，田间遗留病残体多，越冬病原数量大，发病重。

4. 防治方法 ①种植抗病品种。②及时清除田间病残体，减少越冬菌源。③重病田或病区要改变免耕或少耕的种植方式，采取秋翻春耙和间套作、轮作等栽培模式。④合理施肥，合理密植，改变田间通风透光状况，降低田间湿度。⑤适时早播，使收获期提前，避开发病高峰期。⑥在病斑开始出现时，也可施用杀菌剂如，70%甲基硫菌灵，或50%或80%多菌灵，或80%代森锰锌，或30%戊唑·多菌灵，或50%福美双，或10%苯醚甲环唑，或20%三唑酮等，每隔7～10天喷雾1次，连喷2次左右。

(四)弯孢菌叶斑病

俗称黄斑病、拟眼斑病。

1. 症状 病斑主要发生在叶片上，一般从上部叶片向中下部蔓延，病斑在叶片上的分布较均匀，也可侵染叶鞘和苞叶。病斑初为褪绿小点，逐渐形成圆形或椭圆形病斑，中央黄白色，边缘褐色或有褪绿晕圈，似“眼”状。在潮湿情况下，病部可产生灰黑色霉状物。抗病品种上仅表现为褪绿斑，无中心坏死区，病斑不枯死，且病斑较小，一般为1～2毫米×1～2毫米；感病品种上的病斑可达4～5毫米×5～7毫米，数个病斑可相连，成片状坏死区，严重时整个叶片枯死，进而导致果穗瘦小，结实率低，籽粒干瘪。

2. 病原　弯孢菌属的多个种可在玉米上引起该病，如新月弯孢(*Curvularia lunata*)、不等弯孢(*C. inaequalis*)、中隔弯孢(*C. intermedia*)、苍白弯孢(*C. pallescens*)、棒状弯孢(*C. clavata*)、画眉草弯孢(*C. eragrostidis*)、斑点弯孢(*C. maculans*)、车轴草弯孢(C. trifolii)、塞纳加尔弯孢(*C. senegalensis*)和小瘤弯孢(*C. tuberculata*)等，优势种为新月弯孢霉。新月弯孢霉内部又存在生理分化现象，分为多个致病类型。

3. 发病条件及规律　玉米全生育期均可发病，但多在成株期发生。以菌丝或分生孢子在玉米病残体上越冬，翌年分生孢子随气流、风雨传播，落到玉米叶片上，遇合适的条件萌发侵入。病原菌可在3～4天完成一个病程，并继续扩散，形成再侵染。高温、高湿条件可在短时期内造成大面积流行，低洼积水田、连作田以及瘠薄地发病较重。

4. 防治方法　①选用抗病品种可有效防治该病。②增强土壤肥力，尤其是增施氮肥也可明显降低病情指数。③合理轮作，合理密植，提高植株抗病能力。④加强栽培管理，合理灌溉，适时早播可减轻发病。⑤重病田秸秆粉碎后要深翻入土或施行轮作。⑥药剂防治的方法同大、小斑病的防治。

(五)褐斑病

1. 症状　玉米褐斑病在整个玉米生育期均可发病，主要有心叶期和成株期两个发病高峰。心叶发病期，一般从6叶期开始至大喇叭口末期为显症高峰。叶面先出现针尖大小的褪绿黄色斑点，圆形或椭圆形。后期病斑中间隆起，变为褐色的休眠孢子堆。发病叶片上病斑连片并呈现垂直于中脉的病斑区和健康组织相间分布的黄绿条带，这是田间区别于其他病害的主要特点。叶脉上的病斑较大，圆形或椭圆形，红褐色至紫色，严重时也可造成整个叶片枯死。成株期发病的，从抽雄开始至乳熟期为显症高峰。病斑主要发生在玉米的叶鞘和叶脉上，以叶和叶鞘交接处的病斑最多，常密布褐色的斑点，如绿豆粒大小，严重时病斑连片，维管束坏死，整个叶片由于养分无法供给而枯死。剖开病斑表皮，可见褐色粉末状孢子堆，内有休眠孢子。茎上的病斑多发生于节的附近，但不常见。

2. 病原 玉蜀黍节壶菌(*Physoderma maydis* Miyabe)。

3. 发病条件及规律 病菌以休眠孢子囊在土壤或病残体中越冬，翌年病菌随气流或风雨传播到玉米植株上，遇到合适条件萌发，释放出大量的游动孢子，游动孢子形成侵染丝，侵入玉米的幼嫩组织。孢子囊的萌发和游动孢子的侵入，需要光和水膜存在，侵染仅能在白天的某些时间才能进行，结果就形成了叶片上感染和未感染交互的横带。温度23℃～30℃、相对湿度85％以上、降雨较多的条件，有利于病害发生。一般连作田、贫瘠田和低洼潮湿的地块发病较重。近年来，秸秆还田和免耕措施直接导致病原菌在土壤中大量积累，病害有加重流行趋势。

4. 防治方法 ①种植抗病品种是最经济有效的方法，但是目前生产上种植的品种大部分抗性较差。②改进秸秆还田方法，变直接还田为深翻还田或者腐熟还田。③加强田间管理，合理施肥，合理密植，健康栽培，提高植株抗病能力。④用卫福等含有效杀菌剂成分的种衣剂拌种，或在玉米拔节后采用15％三唑酮可湿性粉剂1000倍液、或12.5％烯唑醇1000倍液、或10％苯醚甲环唑 2 000 倍液、或 30％福连 800 倍液、或 50％异菌脲 1 000 倍液等药剂喷雾，可有效降低田间发病率及受害程度。

(六)圆 斑 病

1. 症状　地上各部位均可发病。主要危害叶片和果穗。在叶片上，病斑初期为水渍状小点，逐渐扩大，形成大小为 5～15 毫米×3～5 毫米的病斑，椭圆形或近圆形，病斑上有同心轮纹，病斑中部为淡褐色干枯，边缘褐色或紫褐色，周围有褪绿晕圈。不同的生理小种引起的病斑形状有明显差别：0 号小种无致病性；1 号小种在感病的玉米品种上引起大的卵圆形坏死斑；2 号小种在寄主上产生枯黄的小型斑点；3 号小种对绝大多数的玉米品种有致病性，产生狭长的条形斑；4 号小种在一些杂交品种上产生大的带有同心轮纹的坏死斑。果穗受到侵染后在籽粒和穗轴上形成黑色凹陷病斑，其上覆盖霉层，籽粒干秕腐烂，形成穗腐，失去食用或种用价值。

2. 病原　由玉米生离蠕孢菌[*Bipolaris zeicola*（G. L. Stout）Shoemaker]引起，有 5 个生理小种，主要根据引起的病斑的形状不同来区分。

3. 发病条件及规律　以菌丝体或孢子在病残体、土壤或种子上越冬，成为翌年的侵染源，随风雨传播到玉米植株上，病原菌先侵染叶片和果穗苞叶，后逐渐侵入果穗。条件适宜时病部产生灰黑色霉层，为分生孢子，是再侵染菌源。温度和水分条件对玉米圆斑病发生流行最为重要，温度在 25℃左右、田间相对湿度达 85％以上时易造成病害的流行。

4. 防治方法　防治原则为“预防为主，综合防治”。①加强植物检疫，不从病区引种。②种植抗病品种。③加强田间管理，清洁田块减少病原，合理施肥，合理密植。④适时晚播，重病田轮作倒茬。⑤及时进行药剂防治：一般在吐丝盛期用 50％多菌灵，或

70%甲基硫菌灵,或10%苯醚甲环唑,或20%三唑酮可湿性粉剂等喷雾,连喷2次左右,间隔7~10天。

(七)南方锈病

1. 症状 主要侵染叶片,也可侵染叶鞘、苞叶和雄穗。在叶片上初生褪绿的小斑点,很快发展为黄褐色突起的疱斑,圆形至卵形,长为0.2~1毫米,此为病原菌夏孢子堆。夏孢子堆生于叶片表面,数量多,分布密集,很少产生在叶片背面。有时叶背出现少量夏孢子堆,但仅分布于中脉及附近。夏孢子堆圆形、卵圆形,色泽较淡,黄色至金黄色。覆盖夏孢子堆的表皮开裂缓慢且不明显。发病后期,在夏孢子堆附近可散生冬孢子堆。冬孢子堆深褐色至黑色,常在周围出现暗色晕圈。冬孢子堆的表皮多不破裂。病斑首先从中部叶片呈堆状出现,很快向下部叶片蔓延;多个病斑可连合成片,严重时全株布满锈孢子堆,植株枯死。在抗性品种上,只形成褪绿斑点,不产生夏孢子堆,或夏孢子堆很小。

2. 病原 多堆柄锈菌 *Puccinia polysora* Underw ,病菌有生理小种分化。

3. 发病条件及规律 全生育期均可发病,成株期后发病严重,因叶表组织破裂、光合面积减少、营养失调等,导致植株无穗或者籽粒千粒重下降,严重影响玉米产量。锈病为专性寄生菌,该菌只能寄生在活的玉米组织上,未发现其他寄主。因此,病原菌除在我国南方温暖地区能够越冬外,大部分地区不能越冬,菌源为外来侵入。夏孢子存活时间较长,进行初侵染和再侵染,一般随气流远距离传播到玉米上,遇合适的温湿度萌发侵入。影响流行的主要因素是温度和露水,最适宜发病的温度为26℃~28℃,雾露浓重或气候潮湿的地区,尤其适合南方锈病的流行。秋玉米、种植密度大、田间排水不畅、土壤贫瘠板结、植株长势不良等也会加重病害的发生。

4. 防治方法　①种植抗病品种。②一般在抽雄时开始发病，调整播期，合理避病，避开外来孢子传播期。③加强管理，健康栽培，提高植株抗病能力。④合理灌溉，及时排除田间积水，降低田间湿度。⑤必要时在发病初期，可用20%三唑酮可湿性粉剂1 000～1 500倍液，或12.5%烯唑醇可湿性粉剂1 500～2 000倍液，或30%福连800～1 000倍液，或10%苯醚甲环唑2 000～3 000倍液，或12%腈菌唑可湿性粉剂2 000倍液，或20%萎锈灵乳剂500倍液喷雾防治。

(八)普通锈病

1. 症状　主要危害叶片，也危害苞叶和叶鞘。初侵染病斑为淡黄色斑点，其上很快形成突起的小疱，即病原菌的夏孢子堆。夏孢子堆为球形至长椭圆形，长达5毫米，黄褐色至红棕色。数个孢子堆可连成大的长椭圆形、月牙形或线形孢子堆，稀疏地分布在叶的两面。孢子堆表皮破裂后，散出黄褐色或红褐色粉状的夏孢子。发病后期在病斑上或其周围形成冬孢子堆，散生或聚生，冬孢子堆破裂散出深褐色粉状的冬孢子。病斑主要集中在叶片上部的下披弯曲部分和叶片的基部及叶鞘上，呈片状分布。在有些品种上可形成褪绿的抗性斑。

2. 病原　由高粱柄锈菌(*P. sorghi* Schw.)引起，有很多生理小种。

3. 发病条件及规律　全生育期均可发病，以冬孢子状态越冬，翌年冬孢子萌发产生的担孢子成为初侵染源，借气流传播到玉米上侵染致病。发病后，病斑上产生的夏孢子可引起再侵染。另外，夏孢子也可在温暖的地区越冬，翌年通过高空远距离传播成为初侵染源。病害流行要求较低温度(16℃～23℃)和高的相对湿度(100%)。

4. 防治方法　同防治南方锈病。

(九)北方炭疽病

1. 症状 又称眼斑病，主要发生在叶片上，也可发生在叶鞘和苞叶上。发病初期病斑为环形至卵圆形的透明小点，水渍状。成熟病斑呈圆形或椭圆形，大小为 0.5～20 毫米×0.5～1.5 毫米。中心为乳白色至茶褐色，边缘褐色，外围有黄色的晕圈。在抗性品种上病斑为褐色小点。病原菌可侵染叶片中脉，形成褐色椭圆形病斑，大小为 0.5～1.5 毫米×2～3 毫米，多个病斑汇合时，使中脉变褐色。严重时，病斑常连接成片，使叶片局部或全部枯死。

2. 病原 由玉蜀黍出芽短梗霉[*Aureobasidium zea* (Narita et Hiratsuka) Dingley]引起。

3. 发病条件及规律 全生育期均可发病，但幼嫩的玉米叶较成熟的玉米叶抗病。病原菌在种子或病残体上越冬，翌年产生分生孢子随风雨传播到玉米上引起发病，一个生长季节可发生多次再侵染，导致病害的流行。病原菌生长和分生孢子萌发的适宜温度范围均为 20℃～30℃，最适温度为 25℃，潮湿的气候条件利于病害发生。

4. 防治方法 ①品种间抗病性有显著差异，种植抗病品种可预防炭疽病的发生。②合理轮作和消灭病残体，降低病原菌越冬数量，也能减轻病害的发生。③药剂防治，方法同大斑病。

(十)交链孢叶斑病

1. 症状 主要危害叶片，也可危害苞叶及叶鞘。在叶上初期为水浸状小圆斑点，逐渐扩大为椭圆形或近圆形病斑，中央灰白色至枯白色，边缘红褐色。潮湿时，病斑上可见黑色霉层。病斑扩展不受叶脉限制，有的病斑中间破裂穿孔，严重时整株叶片布满病斑，呈撕裂状干枯坏死。

2. 病原　细交链孢菌(*Alterotinaria tenuis* Nees)。

3. 发病条件及规律　病原菌寄生性较弱,主要在病残体和种子上越冬,翌年产生分生孢子借风雨传播到玉米上,从气孔或其他病原菌、害虫、风雨等造成的伤口侵入发病。温度25℃～30℃、相对湿度95%以上时易于发病。其他病原菌、害虫、风雨等造成的伤口对病害流行有利。

4. 防治方法　①种植抗病品种。②加强田间管理,合理施肥,提高植株抗病能力。③加强害虫防治。④用多抗霉素、异菌脲、腐霉利、代森锰锌、福连等药剂喷雾。

(十一)离蠕孢叶斑病

1. 症状　主要发生在叶片上,有时叶鞘上也可出现。发病初期,叶片上出现很小的褪绿或黄色小点,病斑逐渐扩大,圆形或椭圆形,中央为灰褐色或黄褐色,边缘红褐色,常有黄色晕圈,直径2～3毫米,多个病斑可融合形成大斑,潮湿条件下表面产生黑色霉层。

2. 病原　由根腐离蠕孢[*Bipolaris sorokiniana* (Sacc.) Shoemaker]引起。

3. 发病条件及规律　病原菌是小麦根腐病的主要病原菌,近年来在我国一些小麦—玉米间套作地区时有发生,特别是在小麦收获后直接顶茬播种的玉米田更易发生此种叶斑病。病原菌随病残体在土壤中或在种子上越冬,翌年产生分生孢子或直接侵入玉米植株,病原菌随风雨传播,可有多次再侵染。温度25℃～30℃、相对湿度100%时利于病害流行。

4. 防治方法　①种植抗、耐病品种。②减少免耕次数,深翻土壤,及时排除田间积水。③种子用含有丙环唑、咪鲜胺、福美双、百菌清、多菌灵、氟菌唑等杀菌剂成分的药剂包衣或拌种。④发病初期,应及时喷施上述杀菌剂防治。

三、叶鞘部病害

目前，生产上此类病害的发生日趋严重，主要发生在玉米生长后期。品种缺少抗源，整体抗性较差，施药困难。病斑从下部逐渐往中上部叶片蔓延，病斑局限在下部叶片时，基本上不会造成产量损失，条件适宜时，很快达到棒三叶，甚至穗上苞叶，引起籽粒干瘪，或者穗腐，造成产量损失。

(一)纹枯病

1. 症状 病原菌主要侵染叶鞘、叶片和苞叶，也可侵染种子、根系引起烂籽病或苗期根腐病。病斑首先出现在下部叶鞘上，初为水渍状，椭圆形或不规则形，病斑逐渐扩展，形成典型的、呈暗绿色水浸状的同心斑，椭圆形或不规则形。病斑中央灰褐色、黄白色或黑褐色，病斑相连而呈现云纹状斑块。会包围整个叶鞘，并向叶片上蔓延，引起叶枯。发病严重时，能侵入叶鞘下的茎秆，并沿叶鞘上升至果穗，在苞叶上产生同样病斑，籽粒、穗轴均变褐色腐烂。田间潮湿时，病斑上产生白色菌丝体，菌丝体可在叶鞘内侧形成黑褐色颗粒状，直径为1～2毫米的菌核。

2. 病原 立枯丝核菌(*Rhizoctonia solani* Kühn)、禾谷丝核菌(R. cerealis Van der Hoeven)和玉蜀黍丝核菌R. zeae Voorhees。其中立枯丝核菌和玉蜀黍丝核菌为优势病原菌，菌内又根据菌丝融合情况分为不同的融合群，各群的致病力不同。

3. 发病条件及规律 纹枯病是由土壤习居菌侵染引起的土传病害，一般情况下，土壤中的病原菌首先侵染茎基部的叶鞘，逐渐向上部发展，主要发生在抽雄期至灌浆期，苗期和生长后期发病较轻。病原菌以菌丝、菌核状态在土壤或病残体上越冬，成为翌年的初侵染源。病原菌可通过风雨、农具、人、畜等传播。病原菌接触寄主茎基部表面而发病，病斑上长出的菌丝、孢子和菌核，成为再侵染源。玉米纹枯病在温度20℃～31℃、相对湿度达90%时，病情发展较快；其他如多雨高湿、光照不足、种植密度高、田间通风透光不良、肥水过高、土壤黏重等因素，均可加重病害的流行。

4. 防治方法　①选用抗耐病品种，目前生产上推广的种子中，能高抗纹枯病的品种很少，尽量选用耐病或中抗品种。②用专用包衣剂或拌种剂处理种子，有一定的防治效果。③剥除病叶，在心叶期和心叶末期，分两次摘除下部病叶，每次2片，对纹枯病有一定的防治效果。④加强田间管理，及时清除杂草，适度密植，合理施肥，改善田间通风透光条件，增加植株的抗病能力。⑤重病田严禁秸秆还田，要彻底清除田间病残体，深翻土壤，减少土壤表层中的菌核数量；也可采取轮作方式。⑥重病田可在玉米生长中期在茎基部喷施药剂，间隔7～10天1次，有效药剂有：40%菌核净可湿性粉剂1 000倍液，或5%井冈霉素1 000～1 500倍液，或50%异菌脲可湿性粉剂1 000～1 500倍液，或80%代森锰锌可湿性粉剂600～800倍液等。

(二)鞘腐病

由多种病原菌单独或复合侵染引起的叶鞘腐烂病的总称。

1. 症状　真菌引起的鞘腐，病害一般从任一部位的叶鞘开始发生，初现水浸状斑点，后逐渐扩展为圆形、椭圆形或不规则形病斑，病斑略凹陷，病斑中心为褐色，周围黄白色或灰白色，边缘有紫色、紫褐色的晕圈。几个病斑可连在一起，叶片逐片干枯，可上到穗部苞叶，病斑只产生在叶鞘上，叶鞘下的茎秆未见病斑，严重时感病植株可整株枯死。条件适宜时病部可见白色、灰黑色、粉红色或红色、紫色霉层。

褐斑病引起的鞘腐，初期为水渍状小点，很快发展为褐色的斑点，圆形或椭圆形，病斑常连片成不规则形大斑，微突起，严重时叶片变黄枯死。

细菌引起的鞘腐，病斑初为暗绿色、水浸状，椭圆形或圆形斑点，后发展为褐色、黄褐色斑点，常有黄色晕圈，湿腐，叶鞘内侧可见菌脓溢出，病斑可连成片，引起整个叶片死亡。

害虫引起的鞘腐，病斑为不规则形，外观常呈紫色、浅紫色，叶鞘内侧可见有蚜虫等小型害虫为害，叶鞘下的茎秆正常。

2. 病原 主要病原菌有禾谷镰刀菌（*Fusarium graminearum*）、串珠镰刀菌（*Fusarium moniliforme*）、壳二孢菌（*Ascochyta*）、细菌和节壶菌等。

3. 发病条件及规律 玉米全生育期均可发病，病原菌在病残体、土壤、种子中越冬，翌年随风雨、农具、种子、人、畜等传播，遇适宜条件侵染玉米，高温高湿有利于病害的流行。

4. 防治方法 ①种植抗病品种。②病田避免秸秆还田。③合理灌溉，及时排除田间积水。④加强管理，合理密植，增施有机肥。⑤发病初期在茎基喷施杀菌剂，可选用农用链霉素、50％多菌灵、70％甲基硫菌灵、50％克菌丹、1.5％多抗霉素、50％异菌脲等药剂防治，每隔 7～10 天施 1 次。

四、穗部病害

此类病害发生在果穗上，直接影响玉米的产量和丝质，丝黑穗病、疯顶病的发病率就是产量损失率。籽粒霉变产生毒素，人、畜取食后可引起中毒，造成更大的危害。

此类病害易防难治，病害发现时已经造成产量损失，不易补救。种植抗病品种是最好的防治方法。另外，用专用药剂对种子进行处理，对防治丝黑穗病、疯顶病有很好的效果；但对瘤黑粉病、穗腐病基本无效。

(一)丝黑穗病

1. 症状 俗称乌米。有些病株在苗期表现为全株性症状,有的产生分蘖,植株呈灌丛状;有的矮化,节间缩短;有的心叶扭曲不能展开,叶片丛生;有的叶色浓绿,叶片中脉两侧出现黄白色条斑。大部分病株至穗期才可见典型症状,穗期症状主要有两种类型。

(1)黑粉包型 病株果穗短粗,外观近球形,无花丝,苞叶正常,后期苞叶张开,内部充满黑粉,黑粉内有一些丝状的维管束组织,所以称此病为丝黑穗病。在后期,果穗苞叶自行裂开,散出大量黑粉。

(2)畸形 有的果穗受害后,过度生长,无花丝,且不结实,顶部呈"刺猬头"状。雄穗受害后也有两种症状:有的全部或部分小花变为黑粉包,抽雄后散出大量黑粉;有的雄穗受病原菌刺激后生长畸形,部分组织变为黑粉包。

2. 病原 丝轴团散黑粉菌[*Sporisorium holci-sorghi* (Rivolta) Vánky],具有生理小种分化,我国初步认定有5个小种,1号小种为优势小种。

3. 发病条件及规律 此病为系统扩展病害,病原菌以冬孢子(厚垣孢子)在土壤、种子或病残体上越冬,翌年在适宜条件下萌发并通过芽鞘侵入寄主。病原菌菌丝进入植株生长点后,随植株生长扩展到全株,最后在雌雄穗形成冬孢子堆,散出孢子,无再侵染过程。主要侵染时期在种子萌发阶段,6叶期后很少受到侵染。土壤温度16℃~25℃、湿度在中度偏旱时最有利于病菌侵入。土壤的带菌量、土壤的温湿度和种子出土时间的长短是影响本病发生的重要因素。

4. 防治方法 由于本病主要危害玉米的果穗,一旦发病,通常全株颗粒无收。因此,该病的发病率即等于病害的损失率,危害相当严重。主要防治方法有:①选用抗病品种,品种间的抗性有明显差异。②用含戊唑醇或萎锈灵成分的种衣剂或者拌种剂进行种子处理，如，2%戊唑醇、卫福 200 FF 种衣剂、黑虫双全种衣剂等。③实行轮作、深耕，可减轻发病。④在病瘤成熟破裂前拔除病株，并将病株带出田外销毁，减少田间菌量。⑤适时播种，切忌播种过早，避免覆土过厚，提高播种质量，减少被侵染机会。

(二)瘤黑粉病

1. 症状 可以发生在玉米地上部的任何部位，病菌主要侵染植株的幼嫩组织，被侵染的部位产生形状各异、大小不一的瘤状物。典型的瘤状物组织初为白色，渐变为灰白色，内部呈白色、肉质、多汁。随着瘤状物的迅速长大，外表逐渐变为灰黑色，有时带紫红色，质地变硬，内部充满大量黑粉(病菌冬孢子)。后期瘤状物外表的薄膜破裂后，散出大量的黑色粉末。

叶片上病瘤小而多，常串生，病部突起呈泡状，背面略凹陷，瘤内无粉或粉很少；果穗通常由籽粒形成病瘤，突破苞叶而外露，有时全穗变成一个大病瘤；雄穗的部分花序也能产生大小不等的病瘤；茎秆上的病瘤在各节的基部生出，受害严重的植株茎秆多从病瘤处扭曲，植株矮小，果穗瘦小甚至不结实。同一植株上常可多处生瘤，同一位置上也可有数个病瘤聚集在一起。

2. 病原 玉蜀黍黑粉菌[*Ustilago zeae* (Beckm.) Unger]，存在多个生理小种。

3. 发病条件及规律 在玉米生育期的各个阶段均可直接或通过伤口侵入。病菌以冬孢子在土壤及病残体上越冬，冬孢子或冬孢子萌发后形成的担孢子以及次生担孢子成为翌年的初侵染源。病原菌可随风雨、气流、昆虫及农事操作等多种途径传播，一个生长季节可有多次再侵染。湿度大、温度在 26℃～34℃，以及害虫、风雨等造成的伤口是病害流行的主要因素。

4. 防治方法 ①种植抗病品种。②注意防治害虫，减少伤口。③及时清除病残体，深翻土壤。④重病地实行2年以上轮作。⑤合理密植，避免偏施氮肥，合理灌溉。⑥种衣剂预防效果不明显。

(三)伪黑粉病

1. 症状 仅发生在玉米雄穗上，部分雄花被菌核代替。菌核坚硬，圆形，直径5～8毫米，墨绿色至黑色，内部为白色绒毛状，外表似黑粉病的孢子堆，易与黑粉病相混淆。

2. 病原 稻绿核菌[*Ustiloginoidea virens* (Cke.) Tak.]。

3. 发病条件及规律 以菌核在土壤中或混杂在种子中越冬，翌年菌核产生子囊壳释放出子囊孢子，成为初侵染源。子囊孢子随风雨、气流等传播到植株花器上，引起发病。在病部产生分生孢子引起再侵染。高温、高湿对病害的发生有利。

4. 防治方法 基本不造成产量损失，可以不治。如果认为必要，可采用以下措施：①清除田间病穗，集中销毁；②种植抗病品种；③不从疫区调种。

(四)穗腐病

又称玉米穗粒腐病，是由多种病原菌引起玉米果穗或籽粒霉烂的总称。

1. 症状 玉米穗粒腐病的症状因病原菌的不同而有差异，主要表现为整个或部分果穗或个别籽粒萎缩并腐烂，其上常出现各种颜色的霉层。严重时，果穗和苞叶紧紧黏附，其间生长出大量菌丝，穗轴或整穗腐烂。常见类型有以下几种。

(1)串珠镰刀菌穗腐病 病粒散生或连片，初期为褐色腐烂，后期籽粒表面被灰白色、粉红色、红色或紫色的霉层覆盖，常在果穗的顶部或围绕穗虫造成的沟槽生长，严重时整穗腐烂。

(2)禾谷镰刀菌穗腐病 苞叶上常可见红色霉层，果穗和苞叶紧紧黏附，在籽粒和苞叶之间有粉红色至紫色的霉层，严重时穗轴或整穗腐烂。

(3)青霉菌穗腐病　常在穗的尖端发生，严重时籽粒之间遍布灰绿色病原菌的孢子，掰断果穗，可见穗轴外周有一蓝绿色环带，籽粒基部组织已被病菌严重侵染。

(4)曲霉菌穗腐病　发病部位籽粒表面可见黑色、黄绿色或黄褐色的霉层，多出现在果穗顶端，或蛀虫孔道周围。

2. 病原　引起玉米穗粒腐病的病原菌有20余种，在我国常见的有如下几种：串珠镰刀菌(*Fusarium moniliforme* Sheldon)，串珠镰刀菌胶孢变种(*F. moniliforme* var. *subglutinans*)、禾谷镰刀菌(*F. graminearum* Schwabe)，稻黑孢菌、蠕孢菌、青霉菌(*Penicillium* spp.)、枝孢菌(*Cladosporium* spp.)、囊孢壳菌(*Botryosphaeria festucae*)、丝核菌(*Rhizoctonia zeae*)、曲霉菌(*Aspergillus* spp.)、根霉菌(*Rhizopus nigricans*)、茄类镰刀菌(*F. solanigrew*)、尖孢镰刀菌(*F. oxysporum*)、木霉菌(*Trichoderma viride*)、链格孢菌(*Alternaria alternata*)和粉红聚端孢(*Trichothecium rosum*)等。

3. 发病条件及规律　病原菌在种子、病残体或土壤中越冬，翌年产生孢子随风雨、气流传播到穗上，也可由穗期通过带菌害虫的蛀食传染。从吐丝至蜡熟期均可侵染。温度、湿度和伤口是病害发生的主要因素，但由于病原菌不同，病害流行的温、湿度存在较大差异。其他影响因素包括：果穗的直立角度，苞叶的长短、松紧程度，植株的健康状态以及穗期害虫的种类等。

4. 防治方法　①种植抗病品种；②健康栽培，适时收获；③加强穗期虫害防治工作。

(五)疯顶病

霜霉病的一种。

1. 症状　属系统侵染性病害，苗期病株表现为心叶黄化，叶色变浅或有黄白色条纹，上部叶片扭曲、畸形，过度分蘖呈丛生状，严重时枯死。抽雄后病株表现主要有四种类型：①雄穗畸形，全部或部分花序变形增生，成为变态叶，簇生，整个雄穗呈刺头状，故称疯顶病。②雌穗畸形，苞叶皱缩、增生、局部增厚，苞叶顶端变态为小叶并增生，严重时雌穗内部全部为苞叶，无花丝，无籽粒；雌穗分化成为多个小穗，呈丛生状，小穗内部全部为苞叶。③植株矮化，节间缩短，叶片狭窄，坚硬，上部叶片簇生。④植株徒长，超过正常高度的1/3，一般无穗。

2. 病原　由大孢指疫霉[*Sclerophthora macrospore* (Sacc.) Thirum.，Shaw et Naras]引起。

3. 发病条件及规律　以卵孢子或菌丝体在种子、土壤、病残体及杂草上的游动孢子囊越冬。翌年以游动孢子囊萌发形成的芽管或以菌丝侵入玉米，引起发病。带病种子是远距离传播的主要途径。高湿是影响发病的决定性因素，土壤湿度饱和，24～48小时就可完成侵染，游动孢子囊的形成和萌发对温度的要求不严格。播种时土壤湿度大、种植密度高、重茬连作、杂草丛生均有利于发病。

4. 防治方法　玉米疯顶病是具有毁灭性的病害，在种植时应注重以下几点：①种植抗病品种。②加强检疫，不从疫区调种。③及时清除病株，并带出田间集中销毁。④采用轮作倒茬、深耕灭茬、适期播种、合理密植、及时排除田间积水等栽培措施，减轻危害。⑤用杀毒矾，或35%甲霜灵拌种剂按种子重量的0.3%，或25%甲霜灵可湿性粉剂按种子重量的0.4%拌种(每千克玉米种用药4克)，或在发病初期喷雾有较好的防治效果。

思考题

1. 苗期根腐病主要有哪几种类型？
2. 玉米叶部主要的病害有哪几种，如何防治？

3. 如何区分弯孢菌叶斑病、褐斑病和北方炭疽病？

4. 丝黑穗病和瘤黑粉病的主要区别是什么？

5. 危害玉米叶鞘的病害主要有哪几种？如何防治？

第四章　玉米细菌性病害

细菌性病害在我国玉米生产中所占地位一直不重要，世界上所报道的136种玉米病害中，细菌性病害仅有13种，国内有关发生危害和研究的报道也很少。但其中有一种是我国重要的检疫性病害，即玉米细菌性枯萎病，病原菌为斯氏泛菌（*Pantoea stewartii* Mergaert et），因此受到人们的普遍关注和重视。玉米细菌性枯萎病目前还没有传入我国，该病是玉米生产上的一种毁灭性病害，发病迅速，防治难度大，病原菌可通过种子或其他繁殖材料远距离传播。

近年来，由于品种的变更和气候的变化，加上各地推行机械化种植和秸秆还田、直播免耕技术，为细菌性病害的传播和发生创造了有利的条件。目前，我国已报道和在田间发现的细菌性病害有细菌性根腐病和细菌性茎腐病、穗腐病、叶斑病等。

一、细菌性根腐病

1. 症状　发生在玉米3～6叶期，地上部突然萎蔫，茎叶呈灰绿色失水干枯或叶片发黄，边缘焦枯，心叶卷曲易折。病株拔出后可见中胚轴和须根上有水浸状病斑，呈段状或整个根系变褐或呈黑褐色，表皮溃烂脱落，病斑向上蔓延，引起茎基部呈水渍状腐烂，导致植株倒伏，病部一般有特殊臭味。

2. 病原　未见详细报道。

3. 发病条件及规律　研究报道较少。病原菌可随种子、风雨、灌溉及农事操作传播，土壤含水量高是发病的重要条件，不清洁的灌溉水及地下害虫、风雨和农事操作造成的伤口都会影响病情的严重程度。

4. 防治方法 一般较少有抗病品种，主要采取药剂防治的方法。①采用含杀细菌药剂的种衣剂或拌种剂处理种子。②发病初期，用72%农用链霉素2 000～3 000倍液灌根。③防治地下害虫时，用乌米净拌种剂拌种，每袋对水可拌种0.6～1千克，或每667平方米用5%地虫光颗粒剂2千克，播种时均匀撒于种沟内。④及时排除田间积水，灌溉时不采用大水漫灌的方式。⑤及时清除田间发病株，重病田和其他作物轮作2～3年。

二、细菌性茎腐病

俗称玉米烂茎病。

1. 症状 主要在玉米生长的中前期发生。苗期发病，主要症状为心叶上部呈灰绿色失水状，叶基部水浸状腐烂，病斑不规则，褐色或黄褐色，腐烂部有或无特殊臭味，有黏液，用手能够拔出整个心叶，又称作细菌性顶腐病。严重时可导致整株腐烂倒伏，损失较大，病株率就是产量损失率。成株期发病，病斑主要出现在中下部茎秆的茎节处和此处的叶鞘上，初呈水浸状腐烂，病斑圆形、椭圆形或不规则形，逐渐向茎秆内部侵染，使叶鞘下茎秆腐烂下陷，病组织软化，叶片呈青枯状萎蔫。植株常倒折，不能抽穗或结实。病部可溢出菌脓，有或无腐败臭味。

2. 病原 菊欧文氏菌玉米致病变种[*Erwinia chrysanthemi pv zeae*(Sabet)Victoria et al]，此外，有报道玉蜀黍甘蔗茎腐假单胞菌[*Pseudomonas lapsa*(Ark)Starr et al]也是该病的病原。

3. 发病条件及规律 多出现在雨后或田间灌溉后，低洼或排水不畅的地块发病较重。病原菌在种子或病残体上越冬，翌年从植株的气孔、水孔或伤口侵入。高温(30℃～35℃)、高湿是本病发生流行的重要条件，害虫或其他原因造成的伤口利于病菌侵入。

田间密度过大，通风不良，施用氮肥过多则发病重。

4. 防治方法 ①选用抗病品种，避免从病害发生地调入种子。②及时拔除病株，集中销毁以减少菌源。③科学施肥，雨后及时排除田间积水，促进玉米健康生长，增强抗病能力。④重病田轮作倒茬，避免连作。⑤做好地下害虫和根茎害虫的防治工作，避免造成伤口被细菌侵染。⑥发病初期，可用菌毒清和硫酸链霉素等药剂喷雾或灌心。

三、细菌性穗腐病

1. 症状 苞叶和穗位节的叶鞘、叶片上均可见到病斑，苞叶和叶鞘上的病斑初期为水浸状，很快扩展为不规则形，乳白色至黄白色，边缘浅褐色或褐色，有时有黄色晕圈，边界清晰。病斑干枯后常附生其他杂菌，生成灰黑色霉层。剥开苞叶，可见苞叶内层和穗柄病斑为红褐色，中心黄白色，呈不规则形。籽粒变为乳白色、黄白色或红褐色、褐色湿腐，有的品种籽粒顶端为红褐色，严重时籽粒表面可见有白色菌膜。穗柄和穗轴病部组织疏松，可见有菌脓溢出。在叶片上出现与叶脉平行的水浸状不规则条斑，病斑一侧呈波浪状，为灰绿色，具褐色的清晰边缘，被害叶片很快干枯坏死。

2. 病原 未见详细报道。

3. 发病条件及规律 病原菌的传播途径和侵入方式未见详细报道，但据观察，高温、高湿天气有利于发病，甜糯玉米品种比普通玉米品种发病严重。

4. 防治方法 发病率就是产量损失率，田间发现病害后要及时清除病株，带出田外集中销毁，并用农用链霉素对果穗喷雾，可起到一定的防治效果。

四、细菌性叶斑病

1. 症状 主要发生在叶片上，苞叶和叶鞘上也时有发生。病斑初期水浸状，很快变为黄白色、黄褐色或灰绿色、灰白色，常有褐色或紫褐色边缘，病健交界明显，病斑圆形、椭圆形、细长条形或不规则形，沿叶脉纵向扩展，多个病斑可连接成不规则大斑，病部切面镜检有明显的菌脓，有或无腐败臭味。

2. 病原 由多种细菌引起，常见的有燕麦食酸菌燕麦亚种(*Acidovorax avenae subsp* · *avenae* Willems et al)，丁香假单胞菌丁香致病变种(*P. seudomonas syringae pv* · *syringae* van Hal)等。

3. 发病条件及规律 病原细菌在种子或病残体上越冬，成为翌年的初侵染源，也能在灌溉水中生存。随风雨、昆虫、流水等传播到玉米植株上，从气孔、水孔或伤口侵入引起发病。高温多湿、地势低洼、排水不良、土壤板结、虫害严重的条件有利于病害发生。

4. 防治方法 ①种植抗病品种。②加强栽培管理，改良土壤，增施磷、钾肥，及时清除病株。③及时消灭害虫。④发病初期喷施5%菌毒清500倍液，或72%农用链霉素3000倍液等药剂。

思考题

1. 细菌性茎腐病的主要症状是什么？
2. 一般防治细菌性病害常用什么药剂？

第五章　玉米病毒病

植物病毒是分布广泛且重要的一类病原物，在玉米病害中占有重要地位。世界上引起玉米病害的病毒已经报道的有 40 多种，我国常见的玉米病毒病有 4 种：即矮花叶病、粗缩病、红叶病和鼠耳病。病毒病是系统侵染病害，一般在玉米生长前期侵染，初期症状容易被忽视，后期症状明显时，已无法补救，常造成大的产量损失。

一、玉米矮花叶病

1. 症状　玉米矮花叶病毒病的症状变化很大，品种的遗传背景、植株被侵染时的生育时期、发病时的环境条件等因素，都会直接导致症状上的差异。主要症状表现为：初在最幼嫩的心叶出现褪绿或斑驳的花叶症状，整体褪绿的叶片中间夹杂着不褪绿的椭圆形，长条形或不规则形的断续排列的小斑点，形成“绿岛”。在有的品种上褪绿部分可连片，沿叶脉方向呈条带分布，形成明显的黄绿相间的条纹症状；有的病株分蘖增多，成丛簇状，矮化严重；有的病株有花叶症状，但是植株不矮化。发病植株多细弱，穗小，籽粒干瘪不饱满，严重时不能抽穗而提早枯死。

2. 病原　甘蔗花叶病毒（*Sugarcane mosaic virus*，SCMV）。

3. 发病条件及规律　玉米全生育期均可侵染，但主要在玉米苗期侵入，2～3 叶期即可显症，病害流行的严重程度是寄主抗病性、初始毒源、传播介体和环境因素综合作用的结果。病毒在雀草、牛鞭草等杂草，或玉米等多种作物上以及一些玉米种子内越冬，成为重要初侵染源，带毒种子发芽出苗后成为发病中心。通过玉米蚜、禾谷缢管蚜和麦二叉蚜等蚜虫传播，其中玉米蚜是主要传毒蚜虫。以非持久性方式传播和汁液摩擦传播。其中苗期蚜虫发生早晚及数量与病害流行关系密切，蚜虫发生早，春播玉米病毒病发生早，为害重；反之，蚜虫发生晚，数量大，夏播玉米病毒病发生早而重。病害发生要求的温度较低，高温时花叶症状不明显，即高温出现隐症现象。

4. 防治方法 目前尚无理想的防治用药，只能加强预防工作。①种植抗病品种。②适期播种，避免或减少蚜虫传毒。③可用0.2%甲拌磷或0.1%吡虫啉拌种，拌后堆闷8～12小时后播种，防治蚜虫，压低传毒介体数量。④发病初期喷施灭毒灵或病毒A等抗病毒剂，有一定的控制效果。⑤及时拔除田间病苗，消灭毒源。⑥使用专用种衣剂包衣，可选用玉丰收50毫升，包衣种子5～7千克，既防病又治虫。

二、玉米粗缩病

1. 症状 先在最幼嫩的叶子上的叶脉出现断断续续的透明状褪绿条斑，称为“脉明”；随病情发展，在植株叶背、叶鞘上的叶脉出现明显的、粗细不等的、断续的、蜡白色条状突起，有粗糙感，称为“脉突”。叶片宽短，僵直，叶端变尖，叶色浓绿；植株有不同程度的矮化，节间缩短，秸秆变粗；严重时雌穗短小畸形，花丝少或无，结实少或不结实。

2. 病原 玉米粗缩病毒（*Maize rough dwarf virus*，MRDV）。

3. 发病条件及规律 粗缩病在玉米整个生育期都可以侵染发病，主要靠灰飞虱传毒。灰飞虱成虫和若虫在田埂、地边的杂草丛中越冬，翌年春季迁入玉米田，冬小麦也是该病毒越冬场所之一。春季带毒的灰飞虱把病毒传播到返青的小麦上，然后再传到玉米上。玉米5叶期前易感病,10叶期抗性增强。该病发生与带毒灰飞虱数量及栽培条件相关,玉米出苗至5叶期如与传毒昆虫迁飞高峰期相遇,则易发病。套种田、早播田及杂草多的玉米田发病重。病害的暴发流行和灰飞虱的大发生密切相关。早播夏玉米、套种玉米、春玉米发病重;田间地头杂草多的发病重;干旱少雨有利于病害流行。

4. 防治方法　①种植抗、耐病品种。②减少套播田和春播田的种植面积,调整播期,避开灰飞虱迁飞高峰。③及时喷洒吡虫啉、啶虫咪类药剂,做好灰飞虱的防治工作。④清除田间地头杂草,消灭灰飞虱的栖息地;及时拔除病苗并销毁,减少毒源。⑤使用专用种衣剂包衣或拌种。

三、玉米红叶病

1. 症状　病株一般从下部第四叶、第五叶片开始,逐渐向上发病。病斑多由叶尖沿边缘开始逐渐向基部发展,初期为浅红色褪绿斑块,后沿叶脉变为紫红色条纹,病叶窄而小、质地光滑且坚硬,严重时整叶为红色干枯。发病早的植株明显矮化,茎秆细瘦,根系不发达,果穗小且畸形,花丝少或无,结籽少而秕。

2. 病原　大麦黄矮病毒(*Barley yellow dwarf virus*,BYDV)。

3. 发病条件及规律　病毒在小麦、杂草寄主及传毒昆虫体内越冬,翌年通过取食为害引起发病。病毒只能通过蚜虫传播,不能由土壤、病株种子和汁液等传播。病害的流行和蚜虫的发生时间、虫口密度、严重程度密切相关;温度也是主要影响因素,温度在10℃～25℃,对病害的流行有利。

4. 防治方法　①种植抗、耐病品种。②药剂喷雾或拌种防治蚜虫为害。③加强栽培管理,适期播种,合理密植,清除田间杂草。

四、玉米鼠耳病

1. 症状　症状有两种类型，一类为轻微型，植株出现短生瘤状物和耳状突起，随后可恢复正常；另一类为严重型，重病植株表现为系统性矮化，高度仅为健株的1/2～1/3；多数或全部侧脉上出现大量瘤状物或呈耳突状，叶片皱缩，有的叶片变形扭曲，沿叶脉内卷，不展开如火炬状，手摸有粗糙感。感病植株产量极低甚至无收。轻微型植株稍有矮化，较正常叶色暗绿，上部叶缩短且格外僵硬。两种类型的病株均花器和茎秆发育不正常，结实极少，幼苗受害，症状最严重。

2. 病原　(*Maize wallaby ear virus*，MWEV)。

3. 发病条件及规律　病毒的寄主仅限于禾本科植物，主要是由介体昆虫二点叶蝉[*Cicadulina bipunctella* (Mats)]和斑翅二室叶蝉(*Balclutha punctata*)以持久性方式传播的一种重要系统性植物病害，整个玉米生育期均可发病，尤其在抽穗前受害最重，损失较大，小麦套种玉米发病重。玉米鼠耳病的发生程度与二点叶蝉种群的发生动态、玉米品种和生育期、环境条件以及栽培措施等密切相关。毒源、感病品种和介体叶蝉是该病害发生的基本条件，在适宜的温度、湿度下，这三者达到一定程度时则会引起病害发生和流行。

4. 防治方法　①种植抗、耐病品种。②药剂喷雾防治叶蝉为害，切断传播途径、减少毒源。③加强栽培管理，适期播种，合理密植，清除田间杂草，结合田间定苗时拔除病株。

思考题

1. 玉米矮花叶病的主要症状是什么？
2. 玉米粗缩病的发生条件和规律是什么，如何防治？

第六章 玉米线虫病

线虫在过去很少发生，近年来的报道开始增多。线虫是一类细小的线性动物，长1～2毫米，取食或寄生在玉米根部，用吻针刺破植物细胞并吸取营养，降低根系效率，导致地上部生长不良，造成减产。

1. 症状 地上部植株叶片从下部开始萎蔫变黄，一般从叶尖开始，沿叶缘向基部扩展，植株矮小，黄化，严重时干枯死亡。受害根系发育受抑制，根的数量减少或过度增多，根细弱，可见褐色病斑或肿瘤，严重时整个或部分根系腐烂。常造成田间成片状缺苗，植株高低不齐，穗小或结实不良。

2. 病原 斯克里布纳短体线虫（*Pratylenchus scribneri Steiner*P. *scribneri*）和根结线虫等。

3. 发病条件及规律 线虫的幼虫和卵在土壤或粪肥里越冬，成为翌年的初侵染源；也可通过人、畜和农具携带进行传播，在田间主要靠灌溉水和雨水传播。

4. 防治方法 ①用含有阿维菌素的种衣剂对种子包衣。②合理轮作，收获后及时清除病残体，集中烧毁。③用10%噻唑磷颗粒剂拌种，每667平方米1.5千克。④必要时可用土壤化学处理的方法。用3%氯唑磷颗粒剂，每667平方米1.5～2千克，于定植前15天撒施在开好的沟里，覆土、压实，定植前2～3天开沟放气，防止产生药害。或者每667平方米用液氨30～60千克，于播种或定植前用机械施入土中，经6～7天后深翻，并通风，使氨气散出，2～3天后再播种。也可用95%棉隆，每667平方米用量18～20千克，但要注意防止药害。

第七章　玉米非侵染性病害

此类病害是由玉米植株自身的生理缺陷或遗传性疾病，或由生长环境中不适宜的物理、化学等因素直接或间接影响而引起的一类病害。此类病害不是由病原微生物的侵染引起，不具有相互传染、扩散危害的特点。随着农业生产的发展，农业栽培制度和措施的变革，为了追求更高的单位面积产量和质量，造成种植密度过大，大量使用化肥、农药，致使土壤营养不均衡，导致非侵染性病害种类增多，发病面积扩大。

此类病害在生产中，也会产生各种类型的病斑和异常症状，和侵染性病害的症状不易区分。一般与侵染性病害的区别为：①病斑上没有中心侵染点，但后期病部可能会见到腐生菌类形成的霉层。②没有传染性，田间没有发病中心。③在适当的条件下，有的病状可以恢复。生产中常见的非侵染性病害主要有以下16种。

一、化学损伤

(一)肥　害

1. 症状　播种时施入过量的肥料或肥料接触到种子，一旦遇到干旱或土壤墒情不足时，抑制种子萌发，或引起芽内细胞水分反渗透，根尖、芽梢等部位变褐或腐烂，影响正常生长。严重时烂种烂芽，降低出苗率或完全不出苗，整块田出苗慢而不整齐。幼苗往往出现萎蔫，叶片灰绿色进而变黄枯死；根系发育不良，常伴有褐色腐烂；植株矮化，生长发育受阻，形成“小老苗”，严重时整株死亡。出苗后施用化肥时落在叶片上，形成大小不等的斑点，圆形或近圆形，中心白色或灰白色，有黄褐色至褐色的狭窄晕圈，中心部位很薄，易破裂。

2. 防治方法　①足墒播种。②平衡施肥。③避免种子和肥料在土壤中接触，避免化肥与叶片直接接触。④产生肥害后要及时用大水漫灌。

(二)除草剂损伤

1. 症状　触杀性除草剂误喷或飘移到玉米叶片上，受害初期为水浸状，不规则、圆形或椭圆形病斑，灰绿色。很快发展为白色或黄白色斑点，有黄色或褐色边缘，中心部位变薄，常穿孔。斑点可连成斑块，叶片从叶尖开始变黄枯死。新生叶片正常，加强管理后可逐步恢复正常生长。

内吸性除草剂误喷或飘移到玉米叶片上，玉米心叶基部叶脉变红色或浅红色，叶片变黄，严重时顶部叶片萎蔫，最后整株枯死。

苗前除草剂使用不当或前茬作物除草剂对玉米的毒害，常导致玉米出苗率下降，幼苗畸形生长，茎叶扭曲呈鞭状，植株矮缩，过度分蘖呈丛生状，气生根上卷不与土壤接触或变粗，穗小，苞叶缩短，籽粒外露，甚至植株死亡。

2. 防治方法　①根据作物种类和防除对象，选择适宜的除草剂。②严格掌握用药量，防止发生药害。③严格掌握用药适期。④选择适宜环境条件用药。在大风天和炎热中午禁止用药。⑤用药器械要彻底清洗干净，确无残留时再用。除草剂和杀虫剂不宜混施。⑥注意除草剂的合理轮用，因为长期使用同一种长效除草剂有累积作用，容易使杂草产生抗药性。⑦产生药害后要增施磷、钾肥，喷施尿素等速效肥料，以增强玉米生长活力；加强田间管理，中耕松土，促进根系发育。

(三)杀虫剂损伤

1. 症状 杀虫剂使用不当会在叶片上造成损伤。含药颗粒剂造成损伤后,植株的相同部位叶片上出现不规则形状的色素缺失斑块,病部白色或呈浅黄色褪绿,不受叶脉限制,病部叶片略皱缩,严重时斑块部位枯黄坏死。药剂喷雾造成的损伤初期也为水浸状和不规则状,常沿叶脉向叶基部扩展,病斑连片,常造成地上部叶片变黄枯死。

2. 防治方法 ①选择安全的药剂。②严格掌握适当的用药量、用药时期和用药环境条件。③产生药害后,要结合施肥灌水中耕松土,可促进作物根系发育,增强植株的恢复能力。④及时增施肥料,叶面喷施0.1%～0.3%的磷酸二氢钾溶液,或用0.3%尿素加0.2%磷酸二氢钾溶液混合喷洒,每隔5～7天1次,连喷2～3次,可显著降低因药害造成的损失。⑤喷施生长调节剂,喷施强氧化剂,可用高锰酸钾3 000倍溶液叶面喷施。高锰酸钾是强氧化剂,对多种化学农药都具有氧化、分解作用。

二、营养失调

(一)营养过剩

1. 症状 植株过度分蘖,下部呈丛生状;徒长,营养生长旺盛;茎秆柔嫩,表皮发育不完全,易倒折;叶色油绿,叶片宽大;生育延迟,组织分化不良,穗小或迟迟不能抽穗,产量下降。土壤酸碱度过高的情况下,剖开茎秆可见节内维管束坏死。

2. 防治方法 可在植株一侧10厘米处断根,控制植株生长。

(二)缺素症

1. 症　状

(1)缺氮　玉米苗期缺氮时生长缓慢、植株矮小瘦弱、叶色黄绿、生育期延迟,常发生在贫瘠土壤中;一般在玉米授粉后出现典型症状。缺氮植株呈淡绿色,然后变成黄色,同时下部叶片干枯,由叶尖开始沿着中脉向叶片基部枯黄,枯黄部分呈"V"字形,叶缘仍保持绿色且略卷曲,最后呈焦灼状死亡。

(2)缺磷　苗期最易缺磷,下部叶片出现暗绿色,从叶尖、叶缘处开始出现紫红色,严重时整个叶片为紫红色,叶缘卷曲,叶尖枯死。成株期缺磷,雌蕊花丝延迟抽出,受精不完全,籽粒行列歪曲不齐,果穗弯曲畸形,秃尖现象严重。

(3)缺钾　幼苗期缺钾生长缓慢,植株矮小,嫩叶呈黄色或褐色。严重缺钾时,叶缘或顶端火烧状,呈倒"V" 字型。成株期缺钾,叶脉变黄,节间缩短,根系发育弱,易倒伏。果穗小,顶部籽粒发育不良。

(4)缺锌　在玉米3～5叶期,出现花白苗,幼叶呈淡黄色至白色,特别是叶基部2/3处更为明显。严重时,幼苗老龄叶出现微小的白色斑点并迅速扩大,形成局部的白色区域或坏死斑块,叶肉坏死,叶面半透明,似白绸或塑料膜,易折断。

(5)缺硼　前期缺硼,幼苗展开困难,根系不发达、植株矮小,上部叶片脉间组织变薄,呈白色透明的条纹状,叶薄、发白,甚至枯死。雄穗不抽发,雄花显著退化或变小,以致萎缩,果穗退化或呈畸形,顶端籽粒空瘪。

(6)缺锰　幼苗叶片的脉间组织逐渐变黄,而叶脉及其附近组织仍保持绿色,形成黄、绿相间的条纹;叶片弯曲下披,根系细长呈白色。严重缺锰时,叶片会出现黑褐色斑点,并逐渐扩展至整个叶片。

(7)缺镁　苗期下部叶片发黄，叶脉间出现由黄色至白色的条纹，严重时脉间组织干枯死亡；后期植株上层新发叶片出现黄斑，面积小，绿中带黄；中层叶片黄色部分扩大，脉间黄色呈条状，叶片出现明显的黄绿相间的条纹；下层老叶只有脉间残留绿色，端部和叶缘紫红色，脉间出现褐色枯斑。

(8)缺铁　幼苗叶片叶脉间失绿呈条纹状，中、下部叶片为黄绿色条纹，老叶仍为绿色；严重时整个新叶症状失绿变白，失绿部分色泽均一，一般不出现坏死斑点。

(9)缺硫　体色褪绿，呈淡绿色或黄绿色。新叶重于老叶，叶片变薄。

2. 防治方法　对症增施相应元素肥料，及时增施有机肥，加强栽培管理，促进发育，降低损失。

三、环境不良

(一)干　旱

1. 症状　初期植株的上部叶片在中午阳光强烈时卷起，并呈暗绿色，夜间至清晨可恢复正常状态；严重时叶片从下部开始变黄干枯，叶片上有不规则的褐色或黄褐色斑块；植株矮化，细弱，生长发育受阻，甚至整株枯死。

2. 防治方法　①及时浇水施肥。②喷施叶面肥和生长素类物质，恢复长势。

(二)渍　害

1. 症状　发生在土壤湿度过大或被水淹过的田块。植株叶片整体偏黄，严重时从下部叶片开始死亡；茎叶生长受阻，叶片窄小；植株矮小；生育期延迟或雌雄蕊不能抽发；根系细弱腐烂；结实不良，籽粒干瘪。

2. 防治方法　①及时开沟排除积水；对植株可扒土晾根，加速水分蒸发，待1～2天后再覆土。②及时追施肥料，喷施叶面肥和生长素类物质，促发新根，恢复植株的正常生长。

（三）霜　冻

1. 症状　轻微霜冻后植株叶色加深，逐渐沿边缘变为红色。严重霜冻后植株叶片萎蔫，很快脱水，灰绿色干枯，整株枯死。

2. 防治方法　采用覆盖抗霜、喷水抗霜、加热抗霜、烟雾抗霜等方式，阻止霜害的形成。

（四）日　灼

1. 症状　常在地边或沟渠一侧的植株上出现，叶片下披部分有黄白色斑点，常连片，边缘不清晰。严重时受害部发白，卷曲，枯死。

2. 防治方法　无补救方法，一般不会造成产量损失。

（五）风 雹 害

1. 症状　叶尖、叶缘及叶片下披部分发黄白色，后期变为褐色，边缘不清晰；大风和雹害过后，田间叶片呈撕裂状，下披挂在叶脉上。植株常倒伏、倒折。

2. 防治方法　没有好的补救方法，拔节前受害，可恢复正常生长。种植抗倒伏品种。

（六）鸟害与鼠害

1. 症状　播种后，鸟类、鼠类取食未包衣种子，造成缺苗断垄。鼠类还可因地下活动造成幼苗和幼根干枯死亡，也可咬断幼苗根茎。乳熟后，鸟类从果穗顶部开始取食，苞叶完整，但呈丝状纵裂，露出籽粒和穗轴，穗轴上可见白色乳浆，被害部常霉烂。鼠类可从果穗的任意部位开始啃食，苞叶也常同时被咬，果穗上可见明显的啃食痕迹，穗轴很干净。

2. 防治方法 可采用包衣或拌种方法预防。加强灭鼠。

四、遗传因素

（一）遗传性条纹病

1. 症状 田间零星分布，植株生长正常。常在植株的下部、侧面或整株的叶片上出现纵长的褪绿条纹，宽窄不一，黄色或白色，边缘清晰光滑，其上无病斑和霉层。阳光强烈时可变枯黄。

2. 防治方法 属遗传性病害，多零星发生，很少造成显著的产量损失。

（二）遗传性斑点病

1. 症状 有多种症状表现，主要为：在同一品种所有玉米叶片上的相同位置，同时出现大小不一，圆形或近圆形，黄色褪绿斑点；斑点无侵染性病斑特征，无中心侵染点，无特异性边缘；后期病斑常受日灼而出现不规则的黄褐色轮纹，或整个病斑变为枯黄，严重时穗小或无穗，结实不良，整株枯死。

2. 防治方法 遗传性病害，常受外界环境条件制约，条件适宜时严重发生，可造成很大的产量损失。生产上要避免种植该类品种。

（三）籽粒丝裂病

1. 症状 常在籽粒有种胚的一侧出现横向的线状裂纹，露出白色胚乳，似切割状。破裂处易被穗腐病原菌或其他杂菌侵染，造成腐烂。

2. 防治方法　属遗传性病害，是由于籽粒灌浆过快，种皮发育相对较慢形成，导致种皮呈丝状割裂。生产上要避免种植该类品种。

(四)籽粒爆裂病

1. 症状　籽粒的冠部种皮上出现不规则的破裂，露出白色胚乳，似爆裂的爆米花。破裂籽粒易被穗腐病原菌或其他杂菌侵染，常呈褐色腐烂并覆盖各色霉层。

2. 防治方法　属遗传性病害，及时淘汰发病品种。

(五)生理性红叶

1. 症状　常在授粉后出现，同一个品种整体出现红叶，穗上部叶片从叶尖向叶基部变为红褐色或紫红色，严重时变色部分干枯坏死。

2. 防治方法　属遗传性病害。植株灌浆时，穗上部大量合成的糖分因代谢失调而不能迅速传输到籽粒，从而转化成花青素，导致叶片变红。要淘汰发病品种。

思考题

1. 化学药剂损伤后如何补救？
2. 如何判断玉米缺氮、缺钾还是缺磷？
3. 遗传性病害主要有哪几种？

第八章 玉米害虫及防治

一、地下害虫

地下害虫是玉米苗期的主要害虫。现阶段，随着大型收获和种植机械的异地连续作业，一些迁移性差的地下害虫在大范围迅速扩散，造成危害；同时秸秆还田和免耕直播技术的应用，又给地下害虫提供了稳定的栖息场所，使害虫的存活量迅速增加；种子公司推广的精量播种技术使玉米如何保全苗的问题更加迫切。防治地下害虫是玉米保全苗的关键措施。地老虎、蝼蛄和蛴螬在全国范围内长期占据主要地位，防治方法比较成熟，害虫为害可控制在较小的范围内，但对目前生产上出现的新害虫，如旋心虫、金针虫、耕葵粉蚧、瑞典蝇、蛀茎夜蛾、二点委夜蛾等，研究相对较少，农民和基层技术人员识别困难，防治方法也不成熟，常造成较大产量损失。本章节主要对各种地下害虫的特征、为害状、发生规律和防治方法做重点介绍。

（一）地 老 虎

1. 形态特征 又名地蚕、土蚕、切根虫、夜盗虫，属鳞翅目夜蛾科。种类很多，为害玉米的主要有小地老虎[*Agrotis ypsilon* (Rottemberg)]、黄地老虎[*A. segetum* (Schiffermller)]和大地老虎[*Trachea tokionis* (Butler)]。

(1)小地老虎 成虫体长 16～23 毫米，翅展 42～54 毫米，体翅暗褐色，前翅上有肾形斑和环形斑，肾状纹外侧有 1 条尖三角形的黑色纵线，三斑相对。末龄幼虫体长 37～47 毫米，暗褐色，表皮粗糙，密生大小不同的颗粒，腹部第一至第八节背面，每节有 4 个毛瘤，前 2 个显著小于后 2 个，身体末端有比较坚硬的臀板，呈黄褐色，上有黑褐色纵带 2 条。蛹为纺锤形，红褐色，腹部末端有 1 对毛刺。

(2)黄地老虎　成虫体长 14～19 毫米，灰褐色至黄褐色，有 1 个明显的黑褐色背形斑和环形斑纹。老熟幼虫体长 33～45 毫米，头部黑褐色，有不规则深褐色网纹，体表多皱纹，臀板有两大块黄褐色斑纹，中央断开，有较分散的小黑点。蛹体长 15～20 毫米，腹部 5～7 节刻点小而多。

(3)大地老虎　体型稍大，成虫体长 20～23 毫米，体暗褐色，翅展 52～62 毫米，前翅褐色，自前缘的基部至 2/3 处呈黑褐色，环状纹、肾状纹和棒状纹明显，无楔形黑斑。后翅灰黄色，外缘具有很宽的黑褐色边。老龄幼虫体长 41～61 毫米，体黄褐色，体表多皱纹，微小颗粒不显。腹部第一至第八节背面的 4 个毛片，前后大小几乎相同。臀板近全深褐色，密布龟裂状皱纹。

2. 为害状　幼虫夜间为害幼苗，将叶片咬成小孔和缺刻状，或齐地咬断；有时仅为害生长点；大龄幼虫常把幼苗拉入洞穴取食，严重时缺苗断垄；有时也从根茎处蛀入嫩茎中取食，造成萎蔫苗和空心苗。幼虫有转株为害习性。

3. 发生规律　大地老虎 1 年发生 1 代，而小地老虎和黄地老虎在我国从北到南 1 年可发生 2～7 代，以老熟幼虫或蛹越冬。成虫白天栖息在荫蔽处，夜间迁徙活动。卵多散产于近地面的叶背面或嫩茎上，也可直接产于土表及残枝上。杂草丛生、土壤湿度大时为害加重；土壤黏重的地块发生重，土发生少且为害轻。

4. 防治方法　①播种前要深翻土壤，清除杂草，降低虫口密度。②人工捕捉幼虫，幼虫白天躲藏在土中，可在田间寻找刚出现的萎蔫苗、枯心苗，拨开萎蔫苗周围泥土，挖出地老虎的大龄幼虫。③利用黑光灯、糖醋液诱杀成虫。糖醋液的配制比例为：糖 6 份、醋3份、白酒1份、水10份、90%晶体敌百虫1份，调匀即可。④撒施毒土、毒饵，用90%晶体敌百虫0.5升，加水2.5～5升，喷拌在50千克碾碎炒香的棉籽饼上；或每667平方米用50%辛硫磷乳油50克，拌棉籽饼5千克，傍晚撒在作物行间。⑤三龄前幼虫可在上午使用40%毒死蜱乳油1500倍液，或50%辛硫磷乳油1000～1500倍液，或2.5%溴氰菊酯(敌杀死)乳油2000倍液等药剂喷洒植株心叶。⑥用50%辛硫磷乳油拌种，用药量为种子重量的0.2%～0.3%，拌种前药剂加水量为种子重量的5%～7%。

(二)蝼　蛄

1. 形态特征　又名拉拉蛄、土狗子。属直翅目蝼蛄科。在我国为害玉米的主要有华北蝼蛄(*Gryllotalpa unispina de* Beauvois)和东方蝼蛄(*G. orientalis* Burmeister)2种。

(1)华北蝼蛄　体长39～50毫米，体黄褐色至暗褐色，前胸背板中央有1心脏形的红色斑点，后足胫节背侧内缘有棘1个或消失。

(2)东方蝼蛄　成虫体长30～35毫米，灰褐色，腹部色较浅，全身密布细毛。后足胫节背面内侧有4个距，以此可区别于华北蝼蛄。

2. 为害状　蝼蛄是一种杂食性的地下害虫，在土中取食萌动的种子，或咬断幼苗的根茎，造成幼苗萎蔫死亡，形成缺苗断垄。咬断处呈乱麻状，这是和其他地下害虫的典型区别。蝼蛄常在地表土层穿行时，形成很多隧道，使幼苗和土壤分离，失水干枯而死。

3. 发生规律　华北蝼蛄3年完成1代。以成虫和若虫在60厘米以下的土层内越冬。每年3～4月份开始活动，喜在温暖湿润土中，4～6月中旬发生最盛。夜间9～11时活动最猖獗。

东方蝼蛄在南方每年1代，在北方地区2年发生1代，以成虫或若虫在地下越冬。翌年3月份上升至表土取食，以夜间9～11

时活动最盛。

4. 防治方法　①毒饵诱杀，用 40%毒死蜱乳油 50～100 倍液，或 35%硫丹乳油 30～50 倍液，加炒香的麦麸、米糠或磨碎的豆饼、棉籽饼 5 千克，搅拌均匀，在傍晚时均匀撒于田间。每 667 平方米用毒饵 1.5～3 千克。②灯光诱杀，设黑光灯、电灯或火堆诱杀，以 20～22 时诱杀效果最好。③拌种或药剂防治，方法同地老虎。

(三)蛴　螬

1. 形态特征　是鞘翅目金龟甲总科所有幼虫的总称，种类众多，为害玉米的主要有：华北大黑鳃金龟[*Holotrichia oblita* (Faldermann)]、铜绿丽金龟(*Anomala corpulenta* Motschulsky)和黄褐丽金龟(*A. exoleta* Faldermann)等。

蛴螬为土栖性地下害虫，从卵孵化幼虫至化蛹羽化均在土中完成。蛴螬体肥大，体型弯曲呈"C"字型，多为白色，少数为黄白色。头部褐色，上颚显著，体壁较柔软且多皱，生有左右对称的刚毛，数量的多少常作为分种的特征。如华北大黑鳃金龟的幼虫为 3 对、黄褐丽金龟幼虫为 5 对。蛴螬具胸足 3 对，一般后足较长。腹部 10 节，第十节称为臀节，臀节上生有刺毛，其数目的多少和排列方式也是分种的重要特征。

2. 为害状　啃食萌发的种子、咬断幼苗根茎，地上部萎蔫，可用手提起，致使全株死亡。伤口有利于病原菌侵入，诱发其他病害。

3. 发生规律　蛴螬是一类生活史较长的昆虫，年生代数因种而异，华北大黑鳃金龟多为 2 年 1 代，而铜绿丽金龟和黄褐丽金龟为 1 年 1 代。以幼虫或成虫在土中越冬，翌年 4 月中旬开始出土活动。成虫具有假死和趋光性，白天潜伏，黄昏活动，晚 8～11 时最盛。幼虫终生栖生于土中，喜松软湿润的土壤，为害程度主要与土壤的物理特性和温、湿度等有密切关系。前茬为大豆、花生、玉米和蔬菜的地块发生重；土质黏重的黑土地、低洼地发生重和果树、林木多的地区发生重。

4. 防治方法 ①播种前深翻土壤，破坏蛴螬栖息地，减轻为害。②避免施用未腐熟的厩肥，减少成虫产卵。③药剂处理种子，可用40%辛硫磷乳油或48%毒死蜱乳油拌种，药、水、种子的配合比例是1∶40∶400。④害虫发生初期，每667平方米用48%乐斯本乳油200～300毫升对水进行灌根处理。⑤毒饵诱杀，饵料制作见“地老虎”的防治。⑥可实行水旱轮作制度。

(四)玉米旋心虫

1. 形态特征 玉米旋心虫[*Apophylia flavovirens* (Fairmaire)]，又名玉米蛀虫、黄米虫。属鞘翅目叶甲科，异跗萤叶甲的幼虫。

老熟幼虫体长8～11毫米，黄色，头部褐色，体11节，各节体背排列着黑褐色斑点，前胸盾板黄褐色，中胸至腹部末端每节均有红褐色毛片。

2. 为害状 玉米出苗受害，3叶以后显症。主要症状有以下几种：植株叶片出现竖排孔；心叶产生纵向的黄色条纹；心叶卷曲，呈鞭状，不能展开；心叶被咬断萎蔫；生长点受害形成枯心苗；后期植株出现矮化畸形、分蘖增多，叶片呈君子兰状丛生、茎基部可见裂痕或褐色蛀孔。受害初期蛀孔常不易发现。转株为害性强，白天活动不明显。

3. 发生规律 在北方1年发生1代，以卵在土中越冬，翌年6月下旬幼虫开始为害，7月上中旬进入为害盛期。幼虫从玉米苗近地面的茎部或地下茎基部钻入。低龄幼虫昼伏夜出，顺垄为害，植株出现明显症状时，害虫已转株为害。成虫白天活动，有假死性，喜在疏松的玉米田的土表或植物根部产卵，呈团状排列；低洼地、沙土地、晚播田及免耕秸秆还田地块受害重。

4. 防治方法　①药剂防治，可在为害初期用40%乐果乳油500倍液进行灌根，或选择内吸性药剂均匀喷洒在叶面及地面杂草上。②撒施毒土，每667平方米用25%西维因可湿性粉剂或用20%敌百虫粉剂1～1.5千克，拌细土20千克，搅拌均匀后，在幼虫为害初期顺垄撒在玉米根周围，防治转移为害的幼虫。③采用含丁硫克百威等杀虫剂成分的包衣剂或拌种剂处理种子。④上年发生严重的地块，可实行轮作倒茬。⑤秋季深翻土壤，降低虫源基数。

(五)金针虫

1. 形态特征　又名叩头甲虫、铁丝虫、姜虫、金耙齿等，是鞘翅目叩头虫科幼虫的总称，常见的是沟金针虫（*Pleonomus canaliculatus* Faldermann）和细胸金针虫（*Agriotes fuscicollis* Miwa），还有宽背金针虫（*Selatosomus latus*）和褐纹金针虫（*Melanotus caudex*）。

(1)沟金针虫　老熟幼虫体长20～30毫米，呈筒形，细长略扁。体壁坚硬且光滑，上有黄色细毛，尤以两侧较密。体黄色，前头和口器暗褐色，头扁平，上唇为三叉状突起，胸、腹部背面正中有1条细纵沟。尾节深褐色，末端有两分叉，内侧各有1小齿。各体节宽大于长，从头部至第九腹节渐宽。

(2)细胸金针虫　老熟幼虫体长约32毫米，细长圆筒形，淡黄色，光亮。头部扁平，口器深褐色。第一胸节较第二、第三节稍短。第一至第八腹节略等长，尾节圆锥形，近基部两侧各有1个褐色圆斑和4条褐色纵纹，顶端具1个圆形突起。

(3)宽背金针虫　老熟幼虫体长20～22毫米，体棕褐色。腹部背片不显著凸出，有光泽，隐约可见背纵线。腹部第九节端部变窄，背片具圆形略凸出的扁平面，上有2条向后渐近的纵沟和一些不规则的纵皱，其两侧有明显的龙骨状缘，每侧有3个齿状结节。尾节末端分叉，缺口呈横卵形，开口约为宽径之半。左右两叉突大，每一叉突的内枝向内上方弯曲；外枝如钩状、向上，在分枝的下方有2个大结节：一个在外枝和内枝的基部，一个在内枝的中部。

（4）褐纹金针虫　老熟幼虫体长25～30毫米，宽约1.7毫米，细长圆筒形，茶褐色，有光泽。头扁平，梯形，上具纵沟，布小刻点；身体背面中央具细纵沟。自中胸至腹部第八节各节前缘两侧生有深褐色新月形斑纹。尾节扁平而长，尖端具3个小突起，中间的尖锐；尾节前缘有2个新月形斑，斑后有4条纵线；后半部有皱纹，并密生粗大而深的刻点。

2. 为害状　可在土中咬食种子和嫩芽，使其不能发芽；还可为害玉米根和茎的地下部分，造成幼苗枯死，形成缺苗断垄。主根受害部位不整齐。

3. 发生规律　金针虫生活史，因种类不同而不同，一般2～5年才能完成1代。以各龄幼虫或成虫在地下越冬或越夏，每年4～5月份和10～11月份在土壤表层活动，取食为害。幼虫耐低温而不耐高温。成虫昼伏夜出。沟金针虫喜在有机质少、疏松沙质土壤中活动，适宜的土壤湿度为15%～18%，较能适应干燥，主要发生在旱地块。细胸金针虫适宜在有机质丰富的粉沙黏土或黏土中，适宜土壤含水量为20%～25%，主要发生在水浇地或潮湿的低地。精耕细作地区发生较轻，免耕田、麦套田发病重。

4. 防治方法　金针虫有垂直迁移的习性，所以较难控制。①精耕细作，适时浇水，合理施肥，压低虫口密度，减轻为害。耕作对金针虫可有直接的机械损伤，也能将土中的蛹、休眠幼虫或成虫翻至土表，通过不良气候和天敌达到杀灭的效果；②害虫发生严重时可浇水压虫，当土壤湿度达到35%～40%时，金针虫停止为害。③药剂与防治方法同地老虎。

(六)玉米耕葵粉蚧

1. 形态特征 玉米耕葵粉蚧(*Pseudaulacaspis pentagona* Targioni Toxxetti)属同翅目粉蚧科粉蚧属。是近几年为害禾本科作物的新害虫,主要为害玉米。

初孵若虫橘黄色,若虫共2龄,一龄若虫体长0.61毫米,无蜡粉,二龄若虫体长0.89毫米,体表出现白蜡粉。雌成虫体长3~4.2毫米,红褐色,全身覆一层白色蜡粉;雄成虫较小,深黄褐色,前翅白色透明,后翅退化为平衡棒。茧长形,白色,两端较平。

2. 为害状 若虫群集于幼苗根节周围吸食汁液。玉米受害后茎基部发黑,根尖变黑腐烂,严重时根茎变粗畸形,不能结实,植株细弱矮小,叶片由下而上、由外而内变黄干枯,个别出现黄绿相间的条纹,生长发育迟缓,严重时不能结实,甚至造成植株瘦弱枯死。随着作物的生长,该虫群集于玉米等作物中下部叶片的叶鞘基部为害,受害植株基部叶片出现纵向黄绿相间的条纹,严重时叶片出现干枯,逐渐向上发展,不能结实甚至造成整株死亡,主根易折断。

3. 发生规律 以卵在田间残留的玉米根茬或秸秆上越冬,1年发生3代,以第二代为害夏玉米最为严重,第二代发生期为6月下旬至8月上旬。此时正值夏玉米幼苗期,耕葵粉蚧的卵开始孵化,若虫聚集在夏玉米茎根基部和近地面叶鞘内吸取汁液为害。在表土层下隐蔽为害,前茬作物为禾本科或管理粗放、土壤条件差的地块发生重,反之则轻。

4. 防治方法 ①合理轮作,合理施肥,增施有机肥料、磷钾肥及微肥。②耕翻灭茬,清除杂草,降低虫源。③药剂防治一般在3~6叶期进行,浇灌40%辛硫磷乳油500~1 000倍液,或10%吡虫啉可湿性粉剂2 000倍液,或1.8%阿维菌素乳油3 000倍液,或48%毒死蜱乳油1 500倍液等;也可用10%吡虫啉2 000倍液+

4.5%高效氯氰菊酯1 000倍液+40%辛硫磷1 000倍液灌根；还可用6%林丹粉1.5千克+30千克细土，混合均匀后，每株玉米根部撒施5～6克，然后浇水，防治效果明显。

（七）瑞典蝇

1. 形态特征 黑麦秆蝇[*Oscinella frit*(Linnaeus)]，属双翅目秆蝇科。别名瑞典麦秆蝇、瑞典蝇。

末龄幼虫体长4.5毫米，前端较小，末节圆形，其末端具短小突起2个。初孵幼虫透明，成熟时变为圆柱形，蛆状，黄白色，口钩镰刀状。蛹长3毫米，棕褐色，圆柱形，前端生小突起4个，后端有2个。

2. 为害状 玉米出苗后即可为害，幼虫孵化后从玉米心叶缝间钻入心叶内，取食幼嫩的心叶，并使心叶叶尖受害，被其分泌的黏液粘连，不能展开，致使心叶扭曲不能伸展，甚至枯萎、腐烂，形成枯心苗。

3. 发生规律 1年发生3～4代，以老熟幼虫在冬作物或野生禾本科植物茎内越冬。翌年冰层融化时化蛹，20天后羽化为第一代成虫，产卵，卵多产在2～3个叶片的苗茎、叶舌、叶面或叶鞘上。早春温度直接影响麦秆蝇越冬代的发生时间，降雨会降低其发生量；免耕田、套播田，地势低洼、排水不良、施肥不足地块发生重，精耕细作田发生轻。

4. 防治方法 ①增大播种量，间苗时剔除被害苗。②精耕细作，深翻土壤，合理施肥。③每667平方米用10%吡虫啉可湿性粉剂20克，或40%乐果乳油30～40毫升，或35%硫丹乳油30～40毫升对水30升喷雾，注意要喷到心叶中。

（八）蛀茎夜蛾

1. 形态特征 蛀茎夜蛾[*Helotropha leucostigma Laevis*

(Buer)]，属鳞翅目夜蛾科。别名大菖蒲夜蛾、玉米枯心夜蛾。

成虫体长15～70毫米，翅展32～34毫米。前翅黄褐色，有乳黄色的肾状纹，翅顶角有一椭圆形浅黄斑，前缘有黑色弧形纹。末龄幼虫体长28～35毫米，头部深棕色，前胸盾板黑褐色，胸足浅棕色，腹部背面灰黄色，腹面灰白色，毛片、臀板黑褐色，臀板后缘向上隆起，上面具向上弯的爪状突起5个，中间一突起最大，是该虫主要特征。

2. 为害状　幼虫多从由近地表玉米幼苗的茎基咬孔蛀入，蛀入后向上取食，有时也从玉米根部蛀入该虫，受害玉米幼苗心叶萎蔫或全株枯死，极少数切断玉米幼茎，被害苗根部可见明显蛀孔。有转株为害习性。

3. 发生规律　1年发生1代，以卵在杂草上越冬，翌年5月中旬孵化，6月上旬为害玉米苗，幼虫有相互残杀的习性，一般1株只有1头幼虫。成虫有趋光性，在田间杂草上产卵。气候温暖湿润，利其发生；免耕田、套播田、低洼地和靠近草荒地受害重。

4. 防治方法　①清除田边杂草，消灭越冬寄主，可减轻为害。②增加播种量，结合玉米间苗、定苗拔除有虫株。③发现玉米苗受害时，可用敌百虫粉2～3千克加20～30千克细土拌成毒土，顺垄低撒在幼苗根际处，也可用辛硫磷对水灌根。

(九)二点委夜蛾

1. 形态特征　二点委夜蛾(*Athetis lepigone* Möschl)，属鳞翅目夜蛾科。

成虫体长12毫米，前翅黑灰色，上有白点、黑点各一个。后翅银灰色，有光泽。幼虫黄灰色，体长10～15毫米，体背侧线黑色从腹节开始，胸节没有此线。幼虫有假死性，触动虫体蜷缩成“C”字形；幼虫怕光。

2. 为害状　主要为害幼苗的根茎，症状有两类，小苗受害根被咬坏，或根茎被咬成孔洞，孔洞内还发现有虫。被害株地上部表现为失水萎蔫；大苗的茎比较硬，幼虫咬食根，当部分侧根被吃掉后，玉米苗开始倒伏，但不萎蔫。可顺垄转株为害，玉米苗萎蔫枯死并倒伏。

3. 发生规律 该玉米新害虫，发生规律不详，一般播种早、麦秸覆盖度大的地块发生较重。

4. 防治方法 ①灌根。用50%辛硫磷乳油500～800倍液灌根或每667平方米用48%毒死蜱乳油1 000克随浇水灌药，或用48%毒死蜱乳油800～1 000倍液喷灌玉米苗周围，每株用药液50～100克，有虫株及虫株周围是重点防治的对象。②撒毒饵：用50%辛硫磷乳油或48%毒死蜱乳油0.5千克拌炒香的棉籽饼50千克，制成毒饵于傍晚顺垄撒施在玉米苗边。③对倒伏玉米苗进行扶正培土。及时追肥浇水，以促进根系发育和复壮。

（十）蟋　蟀

1. 形态特征 属直翅目蟋蟀科。常见蟋蟀种类有中华蟋蟀（*Gryllus chinensis*）、大棺头蟋蟀（*Loxoblemmus doenitzi*）和油葫芦（*Gryllus testaceus*）等。

蟋蟀多数中小型，少数大型。黄褐色至黑褐色。触角丝状细长，咀嚼式口器。翅革质，后足发达，善跳跃。雄性喜鸣好斗，有互相残杀现象。若虫外形与成虫相似。

2. 为害状 成虫和若虫均咬食幼苗叶片，或切断玉米幼苗的嫩茎或顶梢，造成断垄缺苗，影响正常的生长发育。

3. 发生规律 蟋蟀一般1年发生1代，以卵或若虫在土壤中越冬。若虫共6龄，6月中下旬至7月上旬的夏玉米苗期是蟋蟀大龄若虫发生盛期，9～10月份是蟋蟀成虫的发生盛期，这两个时期是蟋蟀的主要为害期。气候条件是影响蟋蟀发生的重要因素。一般4～5月份雨水多、土壤湿度大，有利于若虫的孵化出土。5～

8月份降大雨或暴雨，不利于若虫的生存。该虫喜栖息于阴凉、土质疏松和较湿的环境中，闷热无风的夜晚比较活跃，在疏松沙土的丘陵山岗地为害猖獗。若虫和成虫都喜欢独居生活。

4. 防治方法　①翻土埋卵。蟋蟀一般将卵产于1～2厘米的土层中，冬春季耕翻地，将卵深埋于10厘米以下的土层，若虫难以孵化出土，可明显降低卵的有效孵化率。②堆草诱杀。蟋蟀若虫和成虫白天有明显的隐蔽习性，在玉米田间或地头设置一定数量5～15厘米厚的草堆，可大量诱集幼、成虫，集中捕杀，具有较好的控制效果。③药剂防治，方法同其他地下害虫的防治。

二、刺吸式害虫

刺吸式害虫主要包括：虫、蓟马、叶螨、灰飞虱、盲蝽和叶蝉等，是玉米苗期至大喇叭口期的主要害虫。主要为害叶片，除害虫直接取食造成的减产外，有些害虫还可传播病毒，引发病毒病；同时，害虫造成的伤口易成为其他病害的病原菌的侵染通道，诱发病害，间接造成更大的产量损失。

（一）蚜　虫

1. 形态特征　玉米蚜虫又叫玉米蜜虫、腻虫等，种类繁多。属同翅目蚜科，为害玉米的主要有玉米蚜（*Rhopalosiphum maidis*）、禾谷缢管蚜（*R. padi*）、麦长管蚜［*Macrosiphum miscanthi* (Sitobion avenae)］和麦二叉蚜［*Schizaphis graminum* (Rondani)］等，以玉米蚜为主。

体长1.5～4.9毫米，多数约2毫米。有时被蜡粉，但缺蜡片。触角6节，少数5节，罕见4节；感觉圈圆形，罕见椭圆形；末节端部常长于基部。眼大，多小眼面，常有突出的3小眼面眼瘤。喙末节短钝至长尖。腹部大于头部与胸部之和。前胸与腹部各节常有缘瘤。腹管通常管状，长常大于宽，基部粗，向端部渐细，中部或端部有时膨大，顶端常有缘突，表面光滑或有瓦纹，端部有时有网纹，少数生有或少或多的毛，罕见腹管环状或缺。尾片圆椎形、指形、剑形、三角形、五角形、盔形至半月形。尾板末端钝圆。表皮光滑，有网纹、皱纹和由微刺或颗粒组成的斑纹。体毛尖锐或顶端膨大为头状或扇状。有翅蚜触角通常 6 节，3 或 3～4 或 3～5 节有次生感觉圈。前翅中脉通常分为 3 支，少数分 2 支。后翅通常有肘脉 2 支，翅脉退化。翅脉有时镶黑边。

2. 为害状 以成虫和若蚜虫刺吸植株汁液。苗期蚜虫群集于叶片背部和心叶，取食上部叶片的营养物质和水分，导致植株生长不良。在为害的同时分泌“蜜露”，可在叶面形成一层黑色霉状物，造成煤污病，影响光合作用，轻者造成玉米生长不良，严重受害时，植株生长停滞，甚至死苗。穗期蚜虫可遍布整个雄穗而影响授粉导致减产。此外，蚜虫还能传播玉米矮花叶病毒和红叶病毒，造成更大危害。

3. 发生规律 繁殖代数多，适应温度广。玉米蚜 1 年可繁殖 10～20 代。玉米蚜主要以成虫在冬小麦和禾本科杂草的新叶里越冬。翌年 4 月下旬至 5 月上旬产生有翅蚜，迁飞至玉米心叶内为害。雄穗抽出后，可转移至雄穗上为害。温度 23℃～28℃、少雨干旱的气候条件有利于发生。

4. 防治方法 ①清除杂草减少虫源。②药剂防治，在苗期可喷洒 40%乐果乳油或 80%敌敌畏乳油 1 500～2 000 倍液，或 10%吡虫啉可湿性粉剂 1 000～1 500 倍液，或 50%马拉硫磷乳油 1 000 倍液等。③在玉米抽穗初期调查，当百株玉米蚜量达 4 000 头、有蚜株率 50%以上时，应及时用药剂防治。可选用 10%吡虫啉可湿性粉剂 1 000 倍液，或 3%啶虫脒乳油 1 500 倍液，或 35%硫丹乳油 1 000～1 500 倍液，或 4.5%高效氯氰菊酯乳油 1 500 倍液，或 2.5%三氟氯氰菊酯乳油 2 000 倍液，或 50%抗蚜威可湿性粉剂

2 000倍液等。

(二)蓟　马

1. 形态特征　属昆虫纲缨翅目蓟马科。在我国为害玉米的有:玉米黄呆蓟马[*Anaphothrips obscurus*(Müller)]、禾花蓟马(*Franklinielle tenuicornis* Uzel)和稻管蓟马(*Haplothrips aculegtlus* Fabricius)等9种。

蓟马体为微小型至小型,长0.5～1.4毫米,一般为1～2毫米。通常具2对狭长的翅,翅缘有长的缨毛。

2. 为害状　在玉米苗期及大喇叭口期有2个发生高峰期。蓟马通常在心叶中为害,以锉吸式口器刮破玉米表皮,口针插入组织内吸取汁液。叶片抽出后,叶背面呈现断续的银白色条斑,伴有小污点,叶正面与银白色相对的部分呈现黄色条斑。严重时,叶背如涂一层银粉,叶片畸形、破裂,变黄枯干,甚至整株枯死。生长点受害可造成玉米心叶成捻状不展开,造成植株畸形,重者造成烂心,严重影响玉米的正常生长发育;大喇叭口期受害常导致心叶卷曲、畸形,雄穗无法抽出,穗上部节间缩短,散粉不好。另外蓟马造成的伤口,有利于细菌的侵入,可导致细菌性顶腐,心叶腐烂可抽出。

3. 发生规律　蓟马年发生代数因地区和种类而异。多则10余代,少则1代,但大多数为1年数代。在禾本科杂草根基部和枯叶内越冬,每年5月中下旬迁到玉米上为害,6月中旬主要是成虫猖獗为害期,6月下旬至7月初若虫数量增加。该虫有转移为害的习性。少雨干旱有利于其发生,田间降雨多可抑制其发生。春播和麦套种玉米发生重,杂草多的地块或靠近地边杂草的玉米,虫量大且受害重。

4. 防治方法　由于蓟马体小且活动隐蔽,为害初期不易被人们察觉,往往在造成严重损失后才被发现,所以化学防治是控制玉米蓟马的有效措施。防治玉米蓟马每667平方米可用10%吡虫啉可湿性粉剂，或40%毒死蜱乳油，或3%啶虫脒乳油，或24%灭多威水剂，或4.5%高效氯氰菊酯乳油1 000～1 500倍液均匀喷雾，防效均较好。小麦田是玉米蓟马的主要虫源，可结合防治麦田蚜虫等兼治蓟马。其他的防治方法有：①清除田间地边杂草，减少越冬虫口基数。②削断扭曲心叶顶端，可帮助心叶抽出，同时要适时浇水施肥，加强管理，促进玉米苗早发快长。

(三)叶　螨

1. 形态特征　俗称红蜘蛛、黄蜘蛛，是真螨目叶螨科昆虫的统称。为害玉米的主要有：截形叶螨（*Tetranychus truncatus* Enara）、朱砂叶螨[（*T. cinatarinus*（Boisdural）]和二斑叶螨（*T. urticae* Koch）。

(1)截形叶螨　雌螨体长0.51～0.56毫米。体椭圆形，深红色或锈红色，颚体白色，体两侧各有暗色不规则形黑斑。雄螨体长0.41～0.48毫米。

(2)朱砂叶螨　雌成虫体长0.28～0.32毫米，体红色至紫红色（有些甚至为黑色），在身体两侧各具一倒"山"字形黑斑，体末端圆，呈卵圆形。雄成虫体色常为绿色或橙黄色，比雌螨略小，体后部尖削。

(3)二斑叶螨　成螨体色多变，有浓绿、褐绿、黑褐、橙红等色，背面两侧有暗色斑。雌体长0.42～0.59毫米，椭圆形，多为黄绿色，少数黄棕色，越冬螨橙黄色。雄体长0.26毫米，近卵圆形，黄绿色或橙黄色。

2. 为害状　叶螨聚集在叶背主脉的两侧取食，受害部位初期是针尖大小的黄白色斑点，斑点连片成为失绿的斑块，由下部叶片逐渐向中上部叶片蔓延，严重时叶片变为黄色或红褐色，似"火烧"状，逐渐干枯。叶螨为害可导致果穗小或籽粒灌浆差，影响产量和质量。螨虫在株间迁移通过吐丝垂飘靠风力水平扩散，所以在田间呈点片状分布，植株受害后，多呈现早衰症状。

3. 发生规律　1年发生多代，每年10月下旬雌性成螨爬入杂草根下的土缝、树皮等处吐丝结网潜伏越冬。翌年4月中旬开始活动，5月下旬转移到玉米田开始为害。随着气温的升高，红蜘蛛繁殖加快，于6月中下旬扩散蔓延，为害日趋猖獗，常于7月中旬至8月中旬形成为害高峰期。干旱少雨年份发生较重。

4. 防治方法　①玉米收获后深耕灭茬，可降低玉米叶螨的越冬基数。②摘除玉米基部1～3片有螨(卵)的叶片，并集中销毁。③化学防治要坚持适时早治的原则，在玉米叶螨盛发前期，选用1.8%阿维菌素3 000倍液，或20%螨死净2 000倍液，或41%金霸螨3 000～4 000倍液，或5%尼索朗1 500倍液喷雾，药液量为每667平方米40～50千克，一般喷一次药即可。重点防治玉米中下部叶片的背面。尽量避免施用广谱性杀虫药剂，以保护自然天敌。

(四)灰飞虱

1. 形态特征　灰飞虱[*Laodelphax striatellus* (Fallen)]，属同翅目飞虱科。

成虫有长翅型和短翅型两种，长翅型雌虫体长3.5～4.2毫米，雄成虫体长3.5毫米；短翅型雌虫体长2.1～2.8毫米，雄成虫体长2.1毫米。浅黄褐色至灰褐色，雄虫体色变化大且偏深。头顶稍突出，额区具黑色纵沟2条，额侧脊呈弧形。前胸背板、触角浅黄色。雌虫小盾片中央呈淡黄色或黄褐色，两侧各有1个半月形的黄褐色斑纹。雄虫小盾片一般为黑色。翅淡黄色，有褐色翅斑。若虫共5龄，近椭圆形。一至二龄虫体为乳白色至淡黄色，三至五龄为灰褐色。胸背面沿正中有纵行浅色部分，后端与腹部背面中央有浅色的中纵线相连，腹部第四、第五节有“八”字形浅色斑纹，附近有一个较周围色浅的区域，腹部各节分界明显，腹节间有白色的细环圈。

2. 为害状 成虫、若虫均以口器刺吸玉米汁液为害，一般群聚于玉米心叶中。灰飞虱是传播玉米粗缩病毒的媒介，其传毒所造成的损失远远大于直接刺吸为害。目前，生产上种植的大部分品种均高感粗缩病。因此，一旦传毒介体增多，就会促进该病发生流行，造成更大产量损失，且灰飞虱一经染毒，可终身带毒传播。

3. 发生规律 1年发生4～8代，因地区而异。以三至四龄若虫在麦田及禾本科杂草上越冬，翌年早春羽化为成虫，在越冬寄主上继续繁殖为害。5月下旬至6月上旬，第一代成虫羽化，形成迁飞高峰，迁飞到玉米上为害。发育适温15℃～28℃，冬暖夏凉易发生。成虫有趋光、趋禾本科杂草和趋向生长嫩绿密茂玉米田的习性，在田间喜通透性良好的环境，栖息于植株较高的部位，并常向田边聚集。春播田、套播田、早播夏玉米田、杂草丛生的田块、靠近荒地的田块，害虫和粗缩病发生严重；夏玉米直播田、精耕细作的田块发生轻。

4. 防治方法 ①玉米出苗前，及时清除田边和沟边的杂草，破坏灰飞虱适宜的栖息场所。可选用40%毒死蜱40毫升+20%百草枯50毫升对水15升喷雾。②结合间苗定苗，及时拔除田间病株，带出田外烧毁或深埋，减少毒源。③专用药剂拌种或包衣。用内吸杀虫剂或包衣剂进行拌种或包衣，对苗期灰飞虱有一定防效，减轻病害传播。④可选用吡虫啉、异丙威和乐果等药剂在苗期喷雾杀虫。在玉米播种前后及苗期，从玉米田四周开始对田内及附近杂草喷药，防治灰飞虱，对减轻虫害有一定作用。

（五）赤须盲蝽

1. 形态特征 赤须盲蝽（*Trigonotylus ruficornis* Geoffroy），属半翅目土蝽科，别名红角盲蝽。

成虫全身绿色或黄绿色，雄性体长5～5.5毫米，雌性5.5～6毫米。头部略呈三角形，顶端向前突出。触角细长，分4节，等于或略短于体长。触角红色，故称赤须盲蝽。前翅革质部与体色相同，膜质部透明，后翅白色透明。体腹面淡绿色或黄绿色，腹部腹面有疏生的浅色细毛。

2. 为害状　主要为害玉米叶片，也可为害雄穗和花丝。被害部在叶片上初呈淡黄色小点，稍后小点变为白色，严重时白色点状斑汇合，呈短线状布满叶片，导致叶片失水变为灰绿色，从顶端向内纵卷。心叶受害，全株生长缓慢，矮小或枯死。

3. 发生规律　北方1年发生3代，以卵在杂草的茎、叶组织内越冬。翌年5月上旬第一代若虫进入孵化盛期，成虫产卵期较长，有世代重叠现象。春玉米出苗后转到玉米苗上取食，若虫行动活跃，常群集在叶背面取食为害，成虫9时～17时活跃，夜间或阴雨天多潜伏在植株中下部叶背面。低温、干旱有利于害虫的发生。

4. 防治方法　①越冬卵孵化前，清除地头及田间杂草，减少早春越冬虫源寄主。②喷药时可选用乐果、辛硫磷、吡虫啉、硫丹、高效氯氰菊酯、毒死蜱、啶虫脒等药剂1 000～1 500倍液喷雾灭虫，可达到较好的防治效果。喷雾时为防治害虫逃避，要先在玉米田周围喷一个封闭带，然后再喷全田，以提高防治效果。正反面均要喷到药剂，喷雾时间最好在上午9时以前或下午5时以后，此时害虫停在中下部叶背面，较易防治。

(六)叶　蝉

1. 形态特征　叶蝉是同翅目叶蝉科昆虫的通称，因主要为害植物叶片而得名。我国已发现1 000多种，为害玉米的主要有：大青叶蝉 *Tettigella viridis* (L.)、小绿叶蝉 *Empoasca flavescens* (Fab.)和二点叶蝉 *Cicccadula fasciifrons*(Stal)等。

(1)大青叶蝉　雄成虫体长7～8毫米，雌成虫9～10毫米。

头橙黄色,头顶有1对多边形黑斑;前胸背板黄色,上有三角形绿斑。前翅绿色,边缘黄色,尖端透明。

(2)小绿叶蝉　成虫体长3.3～3.7毫米,淡黄绿色至绿色。前胸背板、小盾片淡鲜绿色,常具白色斑点。前翅半透明,略呈革质,淡黄白色,周缘具淡绿色细边。

(3)二点叶蝉　成虫体长35～44毫米,全体淡黄绿色,头部黄绿色。头冠后部有2个明显的黑色圆点,前部有2对黑色横纹,前一对位于头冠前缘。前胸背板黄绿色,中后部色较暗,小盾片黄绿色,近两侧处各有1黑斑。前翅淡黄白色,体腹面中央黑色。

2. 为害状　成虫和若虫分散栖息在玉米等寄生植物的茎和叶片上吸食为害,叶片受害后出现针尖大小的细小白斑,严重时叶尖发黄卷曲,甚至枯死。二点叶蝉刺吸后不一定出现白斑,一般不构成严重为害,但能传播玉米鼠耳病毒,造成更大的损失。

3. 发生规律　年发生代数因种类而异,通常以蛰伏在落叶、杂草或低矮绿色植物上的成虫或产在寄主组织内的卵越冬。翌年气温回升时开始孵化或活动,在玉米等寄生植物的茎和叶片上吸食为害。成虫性活跃,大多具有迁飞和趋光的习性。低温、干旱有利于害虫发生,高温及连阴雨天气虫口密度下降。

4. 防治方法　①及时清除落叶及杂草,减少越冬虫源。②利用黑光灯诱杀成虫。③初见害虫时可用吡虫啉、异丙威、甲萘威、毒死蜱和马拉硫磷等药剂喷雾,能收到较好效果。

三、食叶害虫

此类害虫以取食玉米叶片为主,被害部形成孔洞或缺刻,发生在玉米苗期到抽雄前,有些害虫的大龄幼虫食量大,为害严重。主要包括:玉米螟、棉铃虫、黏虫、甜菜夜蛾、斜纹夜蛾、双斑荧叶甲、异跗荧叶甲、铁甲虫、灯蛾和蝗虫等。

(一)玉米螟

1. 形态特征 俗名钻心虫。属鳞翅目螟蛾科,在我国,玉米螟有亚洲玉米螟[*Ostrinia furnacalis*(Guenée)]和欧洲玉米螟[*Ostrinia nubilalis* (Hübner)]两种,亚洲玉米螟是优势种,欧洲玉米螟仅分布在新疆伊宁。

幼虫圆筒形,老熟幼虫体长20～30毫米,幼虫体色较纯,背部黄白色至淡红褐色,一般不带黑点,腹部乳白色,头和前胸背板深褐色。背面中央有1条明显的半透明纵线,两侧有较模糊的暗褐色亚背线。腹部1～8节,背面各有两排毛瘤,前排4个较大,后排2个较小。

2. 为害状 在玉米心叶期,初孵幼虫大多爬入心叶内,群集取食心叶叶肉,留下白色薄膜状表皮,呈花叶状;二、三龄幼虫在心叶内潜藏为害,心叶展开后,出现整齐的横排孔;四龄后陆续蛀入茎秆中继续为害。蛀孔口常堆有大量粪屑,茎秆遇风易从蛀孔处折断。由于茎秆组织受破坏,影响养分输送,玉米易出现早衰症状,严重时穗部发育不全,籽粒不饱满。初孵幼虫可吐丝下垂,随风飘移扩散到邻近植株上。

3. 发生规律 玉米螟在我国发生的代数依纬度和海拔不同而异,从北到南年发生1～7代不等。玉米螟以老熟幼虫在寄主茎秆、穗轴和根茬内越冬,翌年春天化蛹,羽化为成虫后昼伏夜出,飞翔力强,具趋光性,成虫产卵有明显的选择性,对植株的生育期、长势和部位均有一定的选择,心叶期很少选择低于60厘米的植株,成虫将卵产在玉米叶背中脉附近。影响玉米螟消长的主要气候条件是雨量和温度,温度在25℃～26℃、空气相对湿度90%左右时,对玉米螟成虫产卵、卵的孵化及幼虫成活极为有利,暴雨可增加幼虫的死亡率。

4. 防治方法 ①在心叶内撒施辛硫磷、呋喃丹、氯氟氰菊酯和杀虫双等颗粒剂效果很好。②使用 B. t、白僵菌等生物制剂颗粒剂、菌沙或喷雾也有很好的效果，在西南地区心叶初期施用白僵菌菌沙，对穗期玉米螟也有很好的防治效果。③在玉米螟产卵期，释放赤眼蜂 2～3 次，每 667 平方米可释放 1 万～2 万头，可有效控制玉米螟的为害。④玉米收获后秸秆粉碎还田，杀死秸秆内越冬幼虫，降低越冬虫源基数。⑤利用性诱剂迷向或高压汞灯诱杀越冬代成虫，效果很好，关键是要大面积同时使用。

(二)棉铃虫

1. 形态特征 棉铃虫[*Helicoverpa armigera* (Hübner)]，属鳞翅目夜蛾科。

老熟幼虫体长 40～50 毫米，头黄褐色，背线明显，呈深色纵线，气门白色，腹足趾钩为双序中带。腹部第五至第七节的背面和腹面有 7～8 排半圆形刻点，臀棘钩刺 2 根。两根前胸侧毛连线与前胸气门下端相切或相交。体表布满小刺，底座较大。幼虫体色变异很大，由淡绿色、淡红色至红褐色乃至黑紫色，常见为绿色型及红褐色型。

2. 为害状 初孵幼虫在心叶内取食，大龄幼虫取食叶片成孔洞或缺刻状，严重时则将心叶自下部食断，造成枯心。取食的心叶上造成虫孔，和玉米螟为害状相似，但虫孔粗大，被害部边缘不整齐，常见粒状粪便。幼虫有转株为害的习性，田间发生有典型的中心株。

3. 发生规律 1 年可发生 3～7 代，以蛹在土中越冬，翌年春气温达 15℃以上时开始羽化，第一代大多在冬小麦穗期为害，取食麦穗，小麦收获时入土化蛹。6～7 月份为第二代幼虫为害玉米盛期。成虫昼伏夜出，对黑光灯趋性强，卵散生在叶片背面。棉铃虫喜温喜湿，生育适温为 25℃～28℃，湿度对其生长发育的影响最为明显，月降水量高于 100 毫米、相对湿度 70%以上时为害严重，但暴雨或雨水过多对其发生有抑制作用。

4. 防治方法　①麦收后及时灌水、翻耕，消灭在麦田的蛹。②喇叭口期撒施辛硫磷颗粒剂，兼治玉米螟、棉铃虫等在心叶中为害的幼虫。③喷洒 B. t 乳剂、HD-1、灭幼脲等生物制剂对棉铃虫有一定防治效果。④于三龄前喷洒氟虫腈、茚虫威、氯氟氰菊酯、高效氯氰菊酯等化学农药，可起到较好的防治效果。⑤田间释放中红侧沟茧蜂等天敌。

(三)黏　虫

1. 形态特征　[*Mythimna separate*（Walker)]，属鳞翅目夜蛾科。别名粟夜盗虫、剃枝虫、步行虫，俗名五彩虫、麦蚕等。

老熟幼虫体长 36～40 毫米，体色变化较大，一般为黄褐色至墨绿色，常因食料和环境不同而变化大。头部红褐色，头盖有网纹，额扁，头部沿蜕裂线有棕黑色的“八”字纹。体背有多条纵条纹，背中线白色较细，两边为黑细线，亚背线红褐色，上下镶灰白色细条，气门线黄色，上下具白色带纹。亚背线内侧各节具黑斑，气门线通过全部气门，气门过滤器黑色。腹足外侧有黑褐色宽纵带，足先端有半环式黑褐色趾钩。

2. 为害状　黏虫以幼虫咬食叶片，一至三龄食量较小，为害不明显，三龄以后食量大增，咬食玉米，叶片成缺刻状，五至六龄达暴食期，其食量占整个幼虫期 90%左右，严重时 2～3 天就可将幼苗吃光，造成毁种，或将成株叶片吃光，仅剩叶脉形成光秆，造成严重减产，甚至绝收。当一块田玉米被吃光后，幼虫常成群迁到另一块田为害，故又名“行军虫”。

3. 发生规律　年发生 2～8 代，因地而异。从北至南世代数为：东北、内蒙古年发生 2～3 代、华北中南部 3～4 代、江苏淮河流域 4～5 代、长江流域 5～6 代、华南 6～8 代。黏虫属迁飞性害虫，其越冬分界线在北纬 33°一带。在北纬 33°以北地区任何虫态均不能越冬，在湖南、江西、浙江一带，以幼虫和蛹在稻桩、田埂杂草、绿肥田、麦田表土下等处越冬；在广东、福建南部终年繁殖，无越冬现象。北方春季出现的大量成虫系由南方迁飞所至。成虫繁殖能力强，每头雌虫可产1 000～2 000粒卵，对糖醋液、黑光灯、谷草趋性强。初孵幼虫有群集性，三龄后的幼虫有假死性，受惊动迅速卷缩坠地，畏光，晴天白昼潜伏在根际处土缝中，傍晚后或阴天爬到植株上为害，幼虫发生量大、食料缺乏时，常成群迁移到附近地块继续为害。温度10℃～25℃、空气相对湿度85%时适宜该虫发生，低湿度可降低初孵幼虫存活率，生长茂密的密植田及多肥、灌溉好的田块，有利于该虫大发生。

4. 防治方法 ①利用插谷草把或稻草把诱杀成虫，用糖醋盆、黑光灯等诱杀成虫，压低虫口密度。②秸秆还田后直播玉米，应在玉米出苗前灭草或喷药防治。③消灭田间地头杂草上的害虫。④低龄幼虫期可用5%氟虫脲乳油2 000倍液，或25%灭幼脲800～1 000倍液，防治黏虫幼虫效果好，且不杀伤天敌，对农作物安全，用量少又不污染环境。⑤三龄前可喷洒辛硫磷、丁硫克百威、杀螟松、氯氟氰菊酯、敌敌畏、高效氯氰菊酯、乐斯本等杀虫剂防治，虫龄大时要适当加大用药量；同时，虫量大的田块，应先拍打植株将黏虫抖落地面，再向地面喷药，可收到良好的效果；施药时间最好选在早晨或傍晚，可提高防治质量。

（四）甜菜夜蛾

1. 形态特征 甜菜夜蛾（*Spodoptera exigua* Hübner），属鳞翅目夜蛾科，又称玉米叶夜蛾、玉米小夜蛾，俗称青布袋虫。

老熟幼虫体长22～27毫米，体色变化大，由绿色、暗绿色、黄褐色、褐色至黑褐色，背线有或无，颜色各异。腹部气门下线为明显的黄白色纵带，有时带粉红色，可直达腹部末端，不弯曲至臀足上。各节气门后上方有圆形白斑。

2. 为害状　玉米叶片被咬成不规则的孔洞和缺刻状，严重时可吃光叶肉，仅留叶脉，残余叶片呈网状挂在叶脉上。

3. 发生规律　1年可发生4～7代，以蛹在土中、少数未老熟幼虫在杂草及土缝中越冬。成虫夜间活动，有趋光性。幼虫三龄前群集为害，四龄后食量大增，昼伏夜出，有假死性，在田间呈点片状发生。该虫属间歇性猖獗为害的害虫，不同年份发生情况差异较大，高温、干旱的年份发生严重。

4. 防治方法　该虫体壁厚，排泄效应快，抗药性强，防治上一定要掌握及早防治。①秋耕或冬耕，可消灭部分越冬蛹。②采用黑光灯诱杀成虫。③化学药剂防治同黏虫。

(五)斜纹夜蛾

1. 形态特征　斜纹夜蛾[*Prodenia litura* (Fabr.)]，属鳞翅目夜蛾科。

老熟幼虫体长35～47毫米。头部黑褐色，胸腹部颜色因寄主和虫口密度不同而异，呈现土黄、青黄、灰褐、暗绿等色。中胸至第九腹节背面各具有近半月形或三角形的黑斑1对，其中第一、第七和第八腹节的黑斑最大。中、后胸的黑斑外侧有黄白色小圆点。

2. 为害状　初孵幼虫群集为害，仅食叶肉，留下叶脉和表皮，形成筛网状花叶，二龄以后开始分散取食叶片，造成缺刻；四龄后进入暴食期，将叶片吃成残缺，严重为害时可将叶片、嫩茎吃光。

3. 发生规律　1年可发生4～5代，以蛹在土壤中越冬。成虫昼伏夜出，飞翔力强，有趋光性和趋化性，夜晚8～12时活动最为活跃。发育适温为28℃～30℃，喜在枝叶密集、生长茂盛的植株上产卵。

4. 防治方法　三龄前化学防治效果较好，可用5%氟虫腈悬浮剂或10%吡虫啉可湿性粉剂1 500倍液，或50%辛硫磷乳油1 000～1 500倍液，或48%毒死蜱乳油1 000～1 500倍液，或25%

灭幼脲悬浮剂 1 000～1 500 倍液喷雾，喷雾防治最好在下午 5 时以后进行。喷雾要均匀周到，除了保证植株要均匀着药外，植株根际附近地面也要喷透，以消灭滚落在地面的幼虫。

(六)双斑萤叶甲

1. 形态特征 双斑萤叶甲[*Monolepta hieroglyphica*(Motschulsky)]，属鞘翅目叶甲科。

双斑萤叶甲成虫体长 3.6～4.8 毫米，宽 2～2.5 毫米，长卵形，棕褐色，具光泽。前胸背板宽大于长，表面隆起，密布很多细小刻点，小盾片黑色，呈三角形。鞘翅部有线状细刻点，每个鞘翅基部具一近圆形淡色斑，四周黑色，淡色斑外侧后方多不完全封闭，其后面黑色带纹向后延伸呈角状，有些个体黑带纹不清或消失。两翅后端合为圆形，后足胫节端部具一长刺。

2. 为害状 成虫取食叶肉，残留不规则白色网状斑和孔洞。还可咬食花丝，影响授粉。也可取食灌浆期的籽粒，造成籽粒缺损，同时破损的籽粒易被其他病原菌侵染，引起穗腐。

3. 发生规律 1 年发生 1 代，以玉米田的土壤及根须上的卵在土中越冬，翌年 5 月中下旬开始孵化，幼虫在土中取食作物根部和杂草。双斑萤叶甲具有迁飞性和群集性，高温、干旱利于虫害的发生，黏土地、地边杂草多的地发生重。

4. 防治方法 ①清洁田园，铲除田间地边的杂草。②严重时，每 667 平方米用 10%吡虫啉 20 克对水 50～60 升喷雾，或用 50%辛硫磷乳油 1 000 倍液，或 20%氰戊菊酯乳油 1 500 倍液，或 2.5%高效氯氟氰菊酯乳油 1 500 倍液，或 50%马拉硫磷乳油 1 000倍液，或 35%硫丹乳油 1 000 倍液喷雾，喷药最好在上午 10 时前和下午 5 时后进行，重点喷洒受害叶片或雌穗周围。一般喷 1～2 次药即可控制为害。严禁在中午高温时段作业，以防人体中毒。

(七)异跗萤叶甲

1. 形态特征 玉米异跗萤叶甲[*Apophylia flavovirens* (Fairmaire)],属鞘翅目叶甲科,又称旋心异跗萤叶甲。幼虫俗名玉米旋心虫、玉米蛀虫、黄米虫等。

成虫体长5毫米左右,头黑褐色,复眼黑色并发达,触角11节、丝状,基部4节黄褐色,上部7节黑褐色。前胸暗黄褐色,前缘颜色较深,上生小刻点,无黑色斑纹。鞘翅颜色有绿色和棕黄色两种,具光泽。雌虫腹末呈半卵圆形,略超过鞘翅末端,雄虫则不超过翅鞘末端。足暗黄色。腹部褐色。全体密生褐色细毛。

2. 为害状 成虫为害玉米,啃食叶肉,只留下表皮,少量将叶片咬成孔洞。

3. 发生规律 该虫常把卵产在玉米田的土壤及根须上进行越冬,翌年6月下旬幼虫开始为害,7月上中旬进入为害盛期。7月下旬成虫陆续羽化并开始为害。成虫夜伏昼出,但惧光,上午10时至下午5时常躲在玉米心叶或玉米叶片背面,其他时间为害。水浇地和低洼地、碱地发生严重。

4. 防治方法 ①人工摘除玉米心叶内的虫子。② 严重时,可使用化学农药进行防治,化学药剂同双斑萤叶甲。

(八)铁甲虫

1. 形态特征 铁甲虫[*Dactylispa setifera* (Chapuis)],属鞘翅目龟叶甲总科铁甲科。

成虫体长5~6毫米,成虫头胸部暗褐色,鞘翅蓝黑色,前胸背板及鞘翅上部均生有黄褐色或黑色长刺,作有序排列。幼虫体长约7.5毫米,扁平,乳白色,腹部末端有1对尾刺,腹部2~9节两侧各生一浅黄色瘤状突起,背部各节具"一"字形横纹。蛹长0.5毫米,长椭圆形,白色至焦黄色。

2. 为害状　该虫以成虫和幼虫取食玉米叶片，成虫沿玉米叶脉咬食叶肉，形成长短不一的白色枯条斑，幼虫在叶片内潜食叶肉，叶片被害后留下表皮，严重时一张叶片上有虫数十头，造成全叶变白干枯，群众称穿“花衣”、“白衣”，轻者减产，重者颗粒无收。

3. 发生规律　1年发生1～2代，以成虫蛰伏于寄主或杂草上越冬，气温达17℃～18℃时，开始活动为害。成虫不耐高温潮湿，性喜晴暖或阴凉干爽气候，有趋绿、趋密性和假死性。清晨行动迟钝，10时以后较为活跃。成虫对嫩绿、长势旺的玉米苗有群集为害的习性。因此，播种早、苗情好比迟播种、苗情差的受害重。

4. 防治方法　①摘除有虫及虫卵的叶子，减少田间的产卵量和幼虫的为害。②产卵盛期及幼虫初孵化时，用90%晶体敌百虫800倍液，或50%敌敌畏乳油1 500倍液，或50%杀螟硫磷乳油1 000倍液，或20%杀虫双水剂1 000倍液，或20%氯氰菊酯1 500～2 000倍液喷雾，防治成虫于早上、傍晚、阴天成虫活动缓慢时施药效果好。

（九）灯　蛾

1. 形态特征　属鳞翅目灯蛾科，别名毛毛虫。常见的主要有红缘灯蛾（*Amasacta lactinea* Cramer）、红腹灯蛾[*Spilarctia subcarnea* (Walker)]和稀点雪灯蛾[*Spilosoma urticae* (Esper)]等。

大多体型中小型，幼虫具有成簇的长刺毛，成虫身体和翅膀颜色鲜艳，并有醒目斑纹。

（1）红缘灯蛾　又名红袖灯蛾和红绿灯蛾、赤边灯蛾，老熟幼虫体长50～60毫米，体色为棕褐色，头部为黑色。腹部除第一节及末节外，每节有12个毛瘤，毛瘤上丛生黄棕色长毛。气门明显，红色。

（2）红腹灯蛾　又名红腹白灯蛾和人字纹灯蛾和人纹污灯蛾，老熟幼虫体长45～55毫米，头部黑色，胸腹部黄褐色。腹部1～

10节背面各有1对毛瘤，毛瘤黑色并有黄褐色丛毛，亚背线褐色。

(3)稀点雪灯蛾　老熟幼虫体长21.5～55.8毫米，头部黑色，体色为暗褐色。全身被有长毛，刚毛暗灰色，胸部背面每节具8个毛瘤，腹部1～2节及7～9节每节具毛瘤14个，中央2个较小，气门明显，白色。

2. 为害状　红缘灯蛾幼虫取食玉米雌穗花丝，受害严重的花丝被咬断或穗顶嫩粒被吃掉，严重影响产量。红腹灯蛾幼虫在叶背取食叶片，吃成孔洞或缺刻。稀点雪灯蛾幼虫咬食玉米叶片和幼苗成缺刻或孔洞，严重者造成缺苗断垄或将玉米苗几乎全部吃光，叶片仅留叶脉。

3. 发生规律　大多数灯蛾1年发生1～3代，以蛹越冬，翌年5～6月份开始羽化，卵成块产于叶背，幼虫孵化后群集为害，三龄后分散为害。白天上午栖息在叶背面或土块及枯枝落叶杂草下，下午开始取食，傍晚最盛。老熟后入浅土或于落叶等被覆物内结茧化蛹。

4. 防治方法　①冬季铲除田间地头杂草，并冬耕冬灌，以消灭越冬蛹。②卵期及时摘除卵块或将群集初孵幼虫的叶片销毁、人工捕杀幼虫。③于成虫发生期可用黑光灯诱杀成虫。④采用50%辛硫磷乳油1 000倍液，或48%乐斯本乳油1 300倍液，或90%晶体敌百虫1000～1500倍液，或35%硫丹乳油1000～1500倍液，或4.5%高效氯氰菊酯乳油1 000～1 500倍液，或2.5%三氟氯氰菊酯乳油1 500～2 000倍液等药剂进行喷雾防治。

(十)蝗　虫

1. 形态特征　属昆虫纲蝗科，又名蚱蜢、草螟、蚱蚂、蚂蚱。常见的有花胫绿纹蝗[*Ailopus thalasisinus tamulus* (Fabr.)]、黄胫小车蝗(*Oedaleus infernalis* Sauss)、东亚飞蝗[*Locusta migratoria manilensis* (Meyen)]和短星翅蝗(*Calliptamus abbreviatus*

Ikonn)等。

蝗虫有群居型、散居型和中间型3种类型，体色可根据环境变化而变化，多为草绿色或枯草色。咀嚼式口器，有1对发达带齿大颚和坚硬的前胸背板，前胸背板像马鞍状。不完全变态。幼虫(蝗蝻)和成虫善跳跃，成虫还善飞翔。

2. 为害状 蝗虫的成虫及幼虫均能以其发达的口器嚼食植物的茎、叶，被害部呈缺刻状。为害速度快，大量发生时可吃成光秆。

3. 发生规律 根据地区不同蝗虫发生的代数不同，年可发生1～4代，以卵在土中越冬。多数地区1年能够发生夏蝗和秋蝗2代，夏蝗5月中下旬孵化，6月中下旬至7月上旬羽化为成虫。秋蝗7月中下旬至8月上旬孵化，8月下旬至9月上旬羽化为成虫。若气温高有利于第三代的发生，土壤干湿交替，有利于越冬蝗卵的孵化。地形低洼、沿海盐碱荒地、泛区和内涝区都易成为飞蝗的繁殖基地。一至二龄蝗蝻群集在植株上，二龄以上在光裸地及浅草地群集。

4. 防治方法 ①人工捕捉。②保护天敌，创造有利于天敌生存的环境，增加天敌数量。③针对杂草多、虫量大的地块进行化学药剂防治，可用20%杀灭菊酯乳油2000倍液，或50%马拉硫磷乳油1000倍液，或25%杀螟松乳油500～800倍液，或5%氟虫腈悬浮剂1500倍液喷雾。

四、穗部害虫和钻蛀害虫

为害玉米果穗的害虫主要有玉米螟、桃蛀螟、棉铃虫、大螟、高粱条螟、金龟子等。此时的防治原则是防重于治，以生物防治为主，药物防治为辅，尤其禁止施用残留期长的剧毒农药。

(一)玉米螟

1. 形态特征　见“食叶害虫”部分。

2. 为害状　为害穗期的玉米螟卵的孵化高峰期一般在玉米吐丝期,初孵幼虫集中在雌穗顶端的花丝基部取食花丝及未成熟的籽粒,使籽粒残缺不全,并引起霉烂。幼虫四龄后钻蛀穗轴、穗柄、雌穗着生节上下的茎秆为害,蛀孔口常堆有大量粪屑。当蛀孔发生在穗位节以上时,由于茎秆组织遭受破坏,影响养分输送,蛀孔上部茎叶变为红褐色。蛀孔在穗下部遇风易发生倒折,直接影响产量。蛀孔在穗柄部位,果穗养分输送受阻,常导致果穗小,秃尖严重,籽粒灌浆不满,甚至果穗提早脱落。大发生严重时影响玉米的产量和品质。

3. 发生规律　见“食叶害虫”部分。

4. 防治方法　防治工作主要在玉米大喇叭口期进行。①心叶内撒施辛硫磷、乐斯本和功夫等颗粒剂效果很好。②在幼虫孵化后至钻蛀前,选用2 000单位/毫升 B. t 悬浮剂200毫升加细沙制成菌沙,或辛硫磷颗粒剂250克加4～5千克细沙拌匀,撒在雌穗花丝及雌穗上下2节的叶腋处,同时对其他穗期鳞翅目害虫也有很好的防治效果。也可选用防治玉米螟的药剂喷雾,直接喷在花丝和雌穗顶上。③在玉米螟产卵始期至产卵盛末期,释放赤眼蜂2～3次,每667平方米释放1万～2万头,可有效控制玉米螟的为害。

(二)桃蛀螟

1. 形态特征　桃蛀螟[*Conogethes punctiferalis*(Guenée)],属鳞翅目螟蛾科。又名桃斑螟,俗称桃蛀心虫、桃蛀野螟。

幼虫体长22～25毫米,体色多变,有淡褐、浅灰、浅灰蓝、暗红等色,腹面多为淡绿色。头暗褐色,前胸盾片褐色,臀板灰褐色。

体各节有粗大的褐色瘤点。各体节毛片明显，灰褐色至黑褐色，背面的毛片较大，第一至第八腹节气门以上各具 6 个，成 2 横列，前 4 后 2。气门椭圆形，围气门片呈黑褐色突起。

2. 为害状 主要蛀食玉米雌穗，也可蛀茎。初孵幼虫从雌穗上部钻入玉米穗后，蛀食或啃食籽粒、穗轴。蛀孔口堆积颗粒状的粪屑。一个果穗上常有多头桃蛀螟为害，有时也与玉米螟混合为害，严重时整个果穗没有产量。

3. 发生规律 1 年可发生 2～5 代，以老熟幼虫在寄主的秸秆中做茧越冬，翌年化蛹羽化。成虫昼伏夜出，有趋光性和趋糖蜜性。羽化后的成虫必需取食补充营养才能产卵，主要取食花蜜。卵多单粒散产在穗上部叶片、花丝及其周围的苞叶上，初孵幼虫多从雄蕊小花、花梗及叶鞘、苞叶部蛀入为害。多雨、高湿年份发生重，少雨、干旱年份发生轻。

4. 防治方法 ①秸秆粉碎还田，消灭越冬幼虫。②黑光灯或糖醋液诱杀成虫，减低卵量。③药剂防治，方法及有效药剂同“穗期玉米螟”。

(三)棉铃虫

1. 形态特征 见“食叶害虫”部分。

2. 为害状 玉米果穗顶端花丝被整齐的咬断，剥开苞叶，可见害虫仅取食果穗顶端的籽粒或穗轴，不钻蛀穗轴，高龄幼虫有自残性，每穗一般只有 1 头幼虫。破损处常伴随穗腐病的发生。

3. 发生规律 穗期棉铃虫主要在花丝以及雌穗位上的叶片和叶鞘上，幼虫孵化后，取食新吐出的花丝，将花丝咬断，影响授粉，进而取食幼嫩籽粒和穗轴，不仅造成直接为害，还可加重穗腐病的发生。由于棉铃虫幼虫有自残习性，大多数被害雌穗上只有 1 头老熟幼虫存活。

4. 防治方法 ①心叶期防治见“食叶害虫”部分。②穗期防治于棉铃虫在花丝上初见卵时释放螟黄赤眼蜂或松毛虫赤眼蜂，释放 2 次，第一次释放 5 天后释放第二次，每 667 平方米每次可释放 10 000 头。③药剂防治，有效药剂及方法同“穗期玉米螟”。

(四)大　螟

1. 形态特征　大螟(*Sesamia inferens* Walker)，属鳞翅目夜蛾科，俗称旋心虫、钻心虫。

老熟幼虫体长 30 毫米，体较粗壮，头部红褐色或暗褐色，腹部背面淡紫红色；腹足发达，趾钩 17～21 个，在内侧纵排成眉状半环，体节上着生疣状突起，其上着生短毛。

2. 为害状　苗期被害，叶片被吃成孔洞，害虫钻蛀生长点可形成枯心苗，使植株停止生长，矮化，甚至造成死苗。心叶期幼虫蛀食心叶和叶鞘，造成“花叶”和枯鞘，大龄幼虫蛀食玉米茎秆，蛀孔粗大，容易引起玉米倒折。成株期，害虫可蛀食果穗、穗轴、茎秆和雄穗柄，造成茎秆折断和果穗腐烂。该虫有转株为害习性。

3. 发生规律　1 年发生 2～8 代，在病残体或近地面的土壤中越冬，翌年春天化蛹。成虫昼伏夜出，苗期大螟卵多产于玉米基部第二、第三叶的叶鞘内，初孵幼虫群集在幼苗叶鞘内取食，三龄后分散转移，侵入茎内取食。低洼地及麦套玉米地发生重；春玉米发生偏轻，夏玉米发生较重；地膜玉米受害轻。

4. 防治方法　①清除秸秆，消灭越冬幼虫。②撒施辛硫磷等颗粒剂于心叶中。③可用杀螟松、灭多威等药剂 1 000～1 500 倍液喷雾，注意喷在基部叶鞘内。

(五)高粱条螟

1. 形态特征　高粱条螟(*Proceras venosatus* Walker)，属鳞翅目螟蛾科。又称条螟、甘蔗条螟，俗称高粱钻心虫、蛀茎虫。

末龄幼虫体长 20～30 毫米，初乳白色，上生淡红褐色斑连成条纹，后变为淡黄色。有夏、冬两型，夏型胸腹部背面有 4 条明显的淡紫色纵纹，腹部各节背面有 4 个黑褐色斑点，上生刚毛，排列成正方形，前 2 个斑为椭圆形，后 2 个近长方形。冬型幼虫越冬前蜕皮 1 次，蜕皮后其黑褐色斑点消失，体背出现紫褐色纵线 4 条，腹面纯白色。

2. 为害状 初孵幼虫在心叶内蛀食叶肉，形成叶面半透明小斑，仅剩薄的表皮，随着龄期增大，可咬成不规则小孔或蛀入茎内取食为害，待心叶伸出时可见网状小斑或不规则小孔；有的可咬伤生长点，使幼苗呈枯心状。后期蛀食茎秆，受害茎秆内常有数头至十多头幼虫蛀食茎秆组织，并多做环状蛀食，受害茎秆易受风折断。蛀孔上部茎叶因养分输送受阻，常呈紫红色。

3. 发生规律 1 年发生 2～4 代，以老熟幼虫在寄主茎秆内越冬，也有少数在玉米穗轴中越冬，翌年开春化蛹羽化。成虫昼伏夜出，有趋光性和群集性。一般田间湿度较高对其发生有利。

4. 防治方法 同“大螟”。

(六)白星花金龟

1. 形态特征 白星花金龟[*Potosta brevitarsis* (Lewis)]，属鞘翅目花金龟科白星花金龟属，也称白星花潜、白纹铜花金龟、白星金龟子、铜克螂。

成虫体长 17～24 毫米，宽 9～12 毫米。椭圆形，具古铜或青铜色光泽，体表散布众多不规则白绒斑。唇基前缘向上折翘，中凹，两侧具边框，外侧向下倾斜；触角深褐色；复眼突出；前胸背板具不规则形白绒斑，后缘中凹；前胸背板后角与鞘翅前缘角之间有一个明显的三角片，即中胸后侧片；鞘翅宽大，近长方形，遍布粗大刻点，白绒斑多为横向波浪形；臀板短宽，每侧有 3 个呈三角形排列的白绒斑；腹部 1～5 节腹板两侧有白绒斑；足较粗壮，膝部有白绒斑；后足基节后外端角尖锐；前足胫节外缘 3 齿，各足跗节顶端有 2 个弯曲爪。该虫有趋光性和假死性。

2. 为害状　成虫咬食叶片成网状孔洞和缺刻，严重时仅剩主脉，常群集于玉米雌穗上取食正在灌浆的籽粒，有粪便物排出，污染下部叶片，影响光合作用并可加重穗腐病发生，造成严重减产。

3. 发生规律　1 年发生 1 代。以幼虫或成虫在土壤内、腐殖质或秸秆沤制的堆肥中越冬，成虫于 5 月上旬开始出现，6～7 月份为发生盛期。成虫白天活动，有假死性，对酒醋味有趋性，飞翔力强，常群聚为害留种蔬菜的花和玉米花丝，于土中产卵。幼虫多以腐败物为食。

4. 防治方法　①首选苞叶紧密的品种。②利用金龟子的假死性进行人工捕杀。③利用白星花金龟成虫的趋化性，在 6～7 月份成虫发生盛期，用糖醋液诱杀成虫，将白酒、食醋、红糖、水、90％晶体敌百虫按 1∶3∶6∶10∶1 的比例在盆内拌匀，放置在腐烂有机质较多的地方，与玉米穗大致相同的高度，诱杀成虫。也可用 40～50 厘米长的竹筒或酒瓶等小口容器内盛腐熟的果实 2～3 个，加少许糖蜜，将竹筒、酒瓶等与植株相贴挂于植株上，诱集成虫，于 15～16 时处理杀死的害虫。④化学药剂防治。在玉米灌浆初期，可以用 90％晶体敌百虫，或 50％辛硫磷乳油、40％毒死蜱乳油等药剂 300 倍液，在玉米穗顶部滴液防治白星花金龟成虫，还可兼治棉铃虫、玉米螟等其他蛀穗害虫。

思考题

1. 玉米地下害虫的主要种类有哪些，如何有效防治？
2. 如何防治小地老虎？
3. 玉米田蓟马的防治方法有几种，有哪几种有效药剂？
4. 如何防治玉米螟？
5. 桃蛀螟的发生规律是什么，如何防治？

第九章　玉米草害

一、杂草的分类

农田杂草一般是指农田中的非栽培的植物。草害是指杂草对农作物造成一定程度的危害和影响，如与农作物争夺水分、养分、光照和空间，降低产量和质量；增加管理用工和生产成本；是一些病虫害的中间寄主等。

杂草来源主要有三个方面，一是长期适应于自然条件变化的野生草；二是随农业生产发展过程而进化的新种类或变种；三是从国外传入的检疫性杂草。

杂草种类很多，据统计，全世界共有农田杂草 8 000 余种，给农业带来较重损失的约 250 种。按不同方法把这些杂草分类如下。

(一)按植物学习性分类

1. 一年生杂草　在当年出苗、开花、结实并死亡的杂草，种子繁殖为主。如葎草[*Humulus scandens* (Lour.) Merr.]、稗草[*Echinochloa crusgalli* (L.) Beauv.]、藜(*Chenoodium album* L.)、马唐[*Digitaria sanguinealis* (L.) Scop.]、马齿苋(*Portulaca oleraca* L.)等。

2. 二年生杂草　出苗、开花、结实和死亡这个过程需要在两个年份内完成，故又称越年生杂草，种子繁殖为主。如荠菜[*Capsella bursa-pastoris* (Linn.) Medic.]、麦瓶草(*Silene conoidea* L.)、播娘蒿[*Descurainia sophia* (L.) *Webb. ex Prantl*]等。

3. 多年生杂草　可连续存活3年或3年以上的杂草，一生中能多次开花、结实，可靠种子或营养器官繁殖，结实后一般地上部枯死，经过一段休眠期后，其地下营养器官又会产生新的植株。如车前（*Plantago asiatica* L.）和蒲公英（*Toraxacum mongolcum Hand*. —Mazz.）等。

4. 寄生性杂草　不能或不能独立进行光合作用，而需依靠生长在寄主植物体上，吸取寄主植物体中的营养物质维持生存的杂草。如菟丝子（*Cuscuta* spp.）、列当（*Orobanche* spp.）等。

(二)按杂草的类别分类

通常可分为单子叶杂草和双子叶杂草两大类；或分为禾本科杂草(叶片长条形 、叶脉平行、茎切面为圆形)、莎草科杂草(叶片长条形、叶脉平行、茎切面为三角形)和阔叶类杂草(叶片宽阔、叶脉网纹状、茎切面为圆形或方形)三类。

1. 禾本科杂草　主要特点是胚仅具一片子叶，叶脉平行，叶片狭长，茎无分枝。如稗草、狗尾草、双穗雀稗等。

2. 阔叶杂草　特点是胚具两片子叶，叶脉网状，叶片宽阔，茎分枝。如藜、苋等。

3. 莎草科杂草　胚有一个子叶(种子叶)，通常叶片窄、长，叶脉平行，无叶柄，叶鞘包卷，无叶舌，茎三棱，通常空心，无节。如香附子、碎木莎草等。

(三)按杂草的生态适应性分类

1. 旱田杂草　生长在旱田地中的杂草，不耐涝，长期淹水后即死亡。如狗尾草[*Setaria viridis* (L.) Beauv.]、反枝苋(*Amaranthus retroflexus* L.)、马齿苋等。

2. 水田杂草　生长在水田和水域中的杂草，不耐旱，田间缺水时，易出现生长不良或死亡。

3. 两栖杂草 既可在旱田，又能在水田长期生存的杂草。如稗草。

(四)按危害程度分类

1. 恶性杂草 发生面最广、危害最大且最难防治的杂草。世界上共有18种，我国有17种，玉米田常见的有8种，包括马唐、牛筋草、绿狗尾、香附子、藜、柳叶蓼、反枝苋和牛繁缕。

2. 重要杂草 发生面较广，危害较大且较难防治的杂草。这类杂草全世界共有250种，我国有120种。

3. 区域性杂草 仅发生于局部地区，但危害性大且难以防治的杂草。这类杂草我国约有135种，如华南地区的胜红蓟、圆叶节节菜、两耳草、水龙等；华中地区的双穗雀稗、猪殃殃等；华北地区的狗尾草、播娘蒿等；东北地区的本氏蓼、野燕麦等；西北地区的薄蒴草等。

4. 检疫性杂草 具有潜在危害危险，但通过口岸检疫措施可防止其从一地传入另一地的区域性杂草。这类杂草适应性广，传播和繁殖能力强，危害性大，一经传入则难以防治。由国家质检总局、农业部共同制定的《中华人民共和国进境植物检疫性有害生物名录》已于2007年5月29日颁布执行，其中规定进境检疫性杂草共计41种。

另外，还可根据发生地域分为：大田杂草、菜田杂草、果园杂草、草坪杂草、林地杂草、非耕地杂草，其分别在农田、菜田、果园、草坪、林地、非耕地上造成危害。玉米田杂草属于大田杂草。

二、玉米田常见杂草及化学防治

在我国，危害玉米的杂草主要有：稗草[*Echinochloa crusgalli* (L.) Beauv.]、牛筋草[*Eleusine indica* (L.) Gaerth.]、画眉草

[*Eragrostis pilosa* (L.) Beauv.]、马唐[*Digitaria sanguinalis* (L.)Scop.]、绿狗尾草[*Setaria viridis* (L.)Beauv.]、金狗尾草(*Setaria glauca*)、双穗雀稗(*Paspalum distichum* L.)、(*Phragmites communis* Trirn.)、狗牙根[*Cynodon dactylon* (Linn.) Pers.]、鬼针草(*Bidens bipinnata* L.)、狼把草(*Bidens tripartita* L.)、苍耳(*Xanthium sibiricum* Patrin.)、苦苣菜(*Sonchus oleraceus* Linn.)、刺儿菜[*Cepalanoplos segetum* (Bunge.]Kitaml)、小飞蓬(*Erigeron canadensis* L.)、葎草[*Humulus scandens* (Lour.)Merr.]、藜(*Chenopodium album* L.)、地肤(*Sansevieria trifasciata*)、猪毛蒿(*Artemisia scoparia* Waldst. et Kit.)、猪毛菜(*Salsola collina* Pall.)、马齿苋(*Portulaca oleracea Linn.*)、铁苋菜(*Acalyphaaus tralis* Linn.)、反枝苋(*Amaranthus retroflexus* L.)、牛繁缕[*Malachium aquaticum* (L.)Fries.]、麦瓶草(*Silene conoidea* L.)、荠菜(*Herba capsellae.*)、播娘蒿[*Descurainia sophia* (Linn.) Webb ex Prantl.]、田旋花(*Convolvulus arvensis.*)、打碗花(*Calystegia hederacea*)、车前草(*Plantago asiatica* L.)、问荆(*Equisetum arvense* Linn.)、苘麻(*Abutilon theophrasti* Medic.)、地锦菜、猪殃殃(*Galium nankotaizanum* Ohwi.)、鸭跖草(*Commelina communis* L.)、紫花苜蓿(*Medicago sativa* L.)、水棘针、酸模叶蓼(*Polygonum lapathifolium* L.)、柳叶刺蓼(*Polygonum bungeanum* Turcz.)、卷茎蓼(*Fallopia convolvulus*)、齿果酸模(*Rumex dentatus* L.)、龙葵(*Solanum nigrum* L.),还有麦家公、麦蓝菜、蓼、麻、野西瓜苗、野大豆、豚草、香薷、垂果南芥、薄蒴草、大巢菜等。

(一)禾本科杂草

1. 一年生杂草　主要有稗草、牛筋草、画眉草、马唐、绿狗尾草、金狗尾草。

(1)稗草　别名芒旱稗、水田草、水稗草等，生于沼泽、沟渠旁、低洼荒地及稻田中。

(2)牛筋草　别名蟋蟀草、油葫芦草，广布全国各地。

(3)画眉草　别名星星草、绣花草，分布全国各地。

(4)马唐　别名假马唐、糯米草，分布全国各地。

(5)绿狗尾草　别名狗尾草、狗尾巴花、谷莠子。

(5)金狗尾草　别名金色狗尾草，生于路旁、荒地、山坡上，分布于全国各地。

2. 多年生杂草　主要有芦苇、狗牙根。

(1)芦苇　别名苇、芦、芦笋，多生于低湿地或浅水中，在我国广泛分布。

(2)狗牙根　别名绊根草、爬根草、感沙草、铁线草，广布于我国黄河以南各省，近年北京附近已有栽培，多生长于村庄附近、道旁河岸、荒地山坡，其根茎蔓延力很强，广铺地面，是良好的固堤保土植物，常用来铺建草坪或球场，生长于果园或耕地时，是难除灭的有害杂草。

禾本科杂草敏感除草剂有：乙阿合剂、乙草胺、都尔、阿宝桶混剂等多种药剂，在玉米田使用方法见“第二章中玉米除草剂的使用”。

(二)阔叶杂草

1. 菊科　一年生杂草有鬼针草、狼把草、苍耳，一年生或越年生杂草有苦苣菜、小飞蓬，多年生杂草有刺儿菜。

(1)鬼针草　别名鬼针、铁钓竿、山苦楝，产于华东、华中、华南、西南各省区，生于村旁、路边及荒地中。

(2)狼把草　别名鬼叉、鬼针、鬼刺，分布于我国各省区。

(3)苍耳　别名苍子、苍耳子、野落苏，广布全国各地。

(4)苦苣菜　别名苦菜、滇苦莱、田苦卖菜、尖叶苦菜，分布于辽、晋、鲁、豫、陕、甘、新、皖、苏、浙、赣、湘、鄂、川、黔、闽、台、桂、滇、藏等地。

(5)小飞蓬　别名小白酒草、小飞莲，分布于东北、陕西、山西、河北、河南、山东、浙江、江西、湖北、四川、台湾等省。

(6)刺儿菜　别名小蓟，分布在全国各地。

2. 桑科　葎草　别名勒草、葛勒子、葛勒蔓、来莓草、金葎、山苦瓜、铁五爪龙、苦瓜草、乌仔曼、玄乃草、拉拉秧、拉拉藤(不同于茜草科拉拉藤属的拉拉藤)、五爪龙、大叶五爪龙、拉狗蛋、割人藤、穿肠草，广布于全国各地，为田间、野地常见杂草。

3. 藜科　一年生草本植物，有藜、地肤、猪毛蒿、猪毛菜。

(1)藜　别名灰菜，广布全国各地，主要危害小麦、玉米、谷子、大豆、棉花、蔬菜、果树等农作物。

(2)地肤　别名地麦、落帚、扫帚苗，多生于宅旁隙地、园圃边和荒废田间，全国都有分布。

(3)猪毛蒿　别名猪毛菜，又叫扎蓬棵、扎蓬蒿，多为原野、荒地、田地间生长。

4. 马齿苋科　马齿苋，别名长命菜、五行草、安乐菜、酸米菜、长寿菜。

5. 大戟科　铁苋菜，一年生草本植物，别名人苋、血见愁、海蚌含珠、野麻草，生于山坡、草地、路旁及耕土中，分布于长江及黄河中下游、沿海及西南、华南、华北各省区。

6. 苋科　反枝苋，一年生草本植物，别名苋菜、野苋菜，分布在东北、华北和西北，其他各省也有。

7. 石竹科

(1)牛繁缕　多年生阔叶杂草，别名鹅儿肠、鹅肠菜，生于荒地、路旁及比较阴湿的草地，广泛分布于全国各地。

(2)麦瓶草　一年生草本，别名净瓶、米瓦罐、香炉草、梅花瓶，分布广泛，为麦田常见杂草。

8. 十字花科

(1)播娘蒿　一年生草本,除华南外全国各地均有。

(2)荠菜　一年或越年生草本,别名菱角菜、香荠、护生草、荠草,生于林边、路旁和田间。

9. 旋花科

(1)田旋花　多年生缠绕草本,别名箭叶旋花、野牵牛、猪草、车子蔓、曲节藤、鸡儿弯、中国旋花,生于耕地与荒地上,极普遍,分布于黑龙江、吉林、河北、河南、内蒙古、山东至四川、西藏等省区。

(2)打碗花　别名小旋花、兔耳草,全国各地均有。

10. 车前草科　车前草,为多年生短小草本,别名牛遗、当道、虾蟆衣、牛舌、车轮菜,常见于路边、田埂及水沟边。

11. 木贼科　问荆,多年生草本,别名马草、土麻黄、笔头草,分布广泛。

12. 锦葵科　苘麻,为一年生草本植物,别名青麻、野麻,广布于全国各地。

13. 葡萄科　地锦菜。

14. 茜科　猪殃殃,越年生或一年生小草本,别名距距草、活血草。

15. 鸭跖草科　鸭跖草,春季一年生杂草,别名兰花草、竹叶草等,分布在云南、甘肃以东的南、北各省区,是北部各省重要的春季一年生杂草,在广东等南方各省则是多年生杂草。

16. 豆科　紫花苜蓿,多年生草本植物,又名苜蓿、紫苜蓿,我国主要分布在西北、华北或东北地区,淮河一带也有少量种植。

17. 唇形科　水棘针,多年生草本,又名土荆芥,常见于田边、旷野、路边及河岸沙地等开阔和略湿润的地方,我国东北、华北、内蒙古、新疆、西北均有。

18. 蓼科　酸模叶蓼、柳叶刺蓼、卷茎蓼均为一年生草本,齿果酸模为越年生或多年生草本,常见于山坡路旁、沟边湿地,产于华北、西北、华东、华中、四川、贵州及云南等地。

19. 茄科 龙葵，一年生草本植物，别名野葡萄、天宝豆等，分布在全国各地，主要危害棉花、豆类、薯类、瓜类、蔬菜等。

阔叶杂草敏感除草剂有：阿宝桶混剂、宝成、玉农乐、2,4-D丁酯、禾耐斯、阿特拉津等。

(三)莎草科杂草

主要有香附子、碎米莎草。

1. 香附子 别名土香、香头草、臭头香、三棱草、莎草，广泛分布于世界各地，在我国主要分布在秦岭山脉以南地区，河北、山东、山西省南部也有出现。

2. 碎米莎草 别名莎草、三棱莎草、三角草、无头土香，生于田间、山坡、路旁阴湿处，全国大部分地区均有分布。

敏感除草剂有：丁草胺、玉农乐等。

思考题

1. 玉米田杂草的分类方法有几种？
2. 根据当地情况，如何防治主要杂草？

第十章　玉米病虫草害的田间调查

玉米病虫草害田间调查的目的主要有3个方面。首先，是掌握当地玉米病虫草害发生种类、危害情况、分布区域和发生发展规律等资料，为病虫草害的预测预报、确定防治对象、制定防治规划提供科学依据。其次，是评价一个品种在当地自然条件下对病虫草害的抗性优劣的直接证据，便于筛选抗病虫优良品种。第三，评价病虫草害产量损失和防治效果。

具体的调查方法一般分为三步：调查计划制定及调查器具准备、田间调查和数据整理。具体田间调查方法又分为踏查和详细调查两种。

一、田间调查方法

田间调查从调查目的上可分为普查和专题调查两种。普查是在较大面积区域进行病虫草害和防治效果的全面调查。通过调查，提出各区域主要病虫草害的名录和防治的一般措施，绘制本区域主要病虫草害的分布图。专题调查是对某一区域某种病虫草害的发生、危害、发生规律等方面，进行深入细致的专项调查，最后通过数理统计和分析，将调查所得的数据和基本情况进行比较，得到比较可靠的资料。专题调查是在普查的基础上进行的，虽然调查种类不同，但调查程序与方法基本一致。两种调查方法可以结合使用，也可以单独进行，采用何种方法，要根据调查目的的要求灵活掌握。

(一)踏　查

1. 概念　又称路线调查。一般以地块或品种为对象进行普遍的调查。踏查路线一般沿公路或田间小路为主线,两侧垂直延伸为支线,用目测法边走边调查。踏查路线应通过有代表性的地块或品种,走的面越大,了解到的情况也就越全面。踏查路线之间的距离根据调查面积和目的的不同,一般为 100～1 000 米。

2. 调查方法　调查人员应注意观察路线两边玉米植株生长情况的变化,根据病虫草害发生情况随时进入田间调查。每块田一般按五点取样法设置 5 个调查点,每点调查 10 株(小型虫害)或 30 株(一般病虫害)或 1 平方米(草害),对于新病虫草害或病虫草害发生严重的田块,可以扩大调查范围、增设样点数、加大调查基数,以便得到更为精确的数据。按表 2 记录主要病虫草害种类、分布及危害程度等情况,绘制主要病虫草害分布草图。

表 2　玉米病虫草害田间踏查记载表

调查地点:____县____乡____村　品种:________　生育期:____				
调查时间:________　调查人员:________　天气情况:____				
土质:________　周边作物:________　前茬作物:________				
耕作及田间管理情况:				
曾用的防治时间及措施:				
调查点数及取样量:				
病害种类	病级或发病株	调查总株数	病害分布状态	备　注
害虫种类	数量/单位	被害株/单位	虫害分布状态	备　注
杂草种类	数量/单位	估测覆盖度(%)	杂草分布状态	生育期
其他说明:				

3. 调查项目和记载

(1)调查的项目　首先是调查田块的基本情况,包括土质、周边作物、前茬作物、耕作管理措施及病虫草害防治、种植品种及其生育期等;其次是着重调查病虫草害情况。

(2)记载　记录病虫草害种类、发生情况、危害程度和田间分布状态等。病虫草害的严重程度常用田间分布状态和危害程度综合表示。病虫草害的分布状态可分为单株分布(单株发生病虫害)、簇状分布(被害株3～10株成团)、团块状分布(被害株面积大小成块分布)、片状分布(被害面积达50～100平方米)和大片分布(被害面积超过100平方米)。危害程度常用病级或级别表示,分级标准因病虫草种类的不同而异。其他情况记录在备注中。

4. 调查时期　玉米病虫害踏查一般分3次进行。第一次在间苗和定苗前后,结合间苗调查苗期病虫害尤其是根部病虫害的种类、分布和危害程度;第二次在玉米6～7叶期,调查重点为病毒病、食叶害虫和杂草的种类、分布和危害程度;第三次在乳熟后期,重点调查影响产量的各种叶斑病、穗部病虫和茎腐病的发生情况。

(二)详细调查

也称重点调查,是在踏查的基础上对重要病虫草按取样点进行调查。目的是为了准确统计病虫草的数量、危害程度及所造成的产量损失等,并对病虫草害发生的环境、气候和耕作等因素能深入地分析研究。

1. 取样方法　如果需调查的病虫草害在田间的发生及分布较为均匀,常选择病虫草发生有代表性的地块,采用五点式、对角线式、棋盘式等取样方法来选定样点;如果调查对象的发生在田间分布不均匀,则应在轻度、中度、重度各种地块分别选设样点,或者采用平行线式或"Z"字形式取样。样点的数目根据病虫种类及调查目的而定。一般5～10平方米1个样点,样点总面积一般应占调查总面积的 0.1%～0.5%(图 1)。

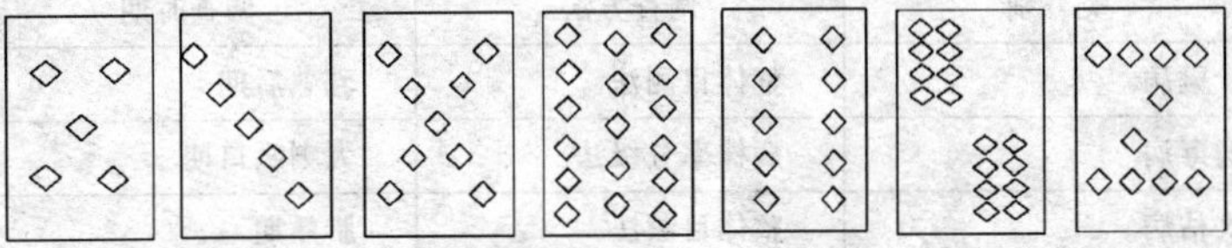

1.五点式 2.单对角线式 3.双对角线式 4.棋盘式 5.分行式样 6.平行线式 7."Z"字形式

图 1 常用取样方法

2. 取样地点 玉米的边行优势比较明显,同时由于温、湿度等环境因素的影响,田边地头植株不能代表总体发病情况,应在距田边 5～10 米以外随机取样。取样时要避开水沟、树下和路边等处,要随机选择样点,避免有意选择重发生或轻发生田。

3. 样本容量 样点内再选取样本或样株作调查,样株的选定应力求具有代表性且分布均匀,这样才能对总体情况做出比较准确的估计,减少误差。样本的大小由样本容量决定,样本中含有个体的数目即样本容量。样本容量越大,则由样本所得的总体估计值越准确;取样误差愈小,代表性愈大,但是工作量越大,观测的时间加长。所以,一般情况下,叶斑病等用病级表示的病害的样本容量为 20～30 株,病毒病、茎腐病等用发病率表示的病害的样本容量为 50～100 株;玉米螟等大型害虫的样本容量为 10～100 株;蓟马、蚜虫等小型害虫的样本容量为 5～10 株;杂草为 0.25～1 平方米。

4. 取样时间 调查取样的最适时期,一般是在田间病虫害发生最盛期,玉米主要病虫害调查方法及最佳调查时期见表 3。

表 3　玉米病虫草害田间调查方法和时期

类　别	调查方法	调查时期
叶斑病	整体目测法	乳熟后期
病毒病	病株率分级法	大喇叭口期
纹枯病	整体目测法	腊熟期
茎腐病	病株率分级法	蜡熟期
黑粉病	病株率分级法	乳熟后期
大型食叶害虫	整体目测法	心叶期
蚜虫、蓟马等小型害虫	整体目测法	全生育期
穗部或钻蛀性害虫	整体目测法	蜡熟期
地下害虫	整体目测法	3～5 叶期
杂　草	目测法	播种前、3～5 叶期

二、不同病虫草害田间调查及分级标准

(一)病害调查方法及分级标准

根据病害的种类和调查目的的不同,田间调查方法有很多种,分级标准也存在很大差异。玉米病害常用的调查方法有整体目测法和病株率分级法 2 种。整体目测法是通过目测对品种群体发病程度进行估测的方法,用病级表示。病级的划分是人为制订的,由于各种原因,每种病害都存在多种分级方法,较为常见的有 0,1,2,3,4,5；0,1,2,3,4；1,2,3,4,5；1,2,3,4,5,6,7,8,9；1,3,5,7,9 等多种,目前通用的为 1,3,5,7,9 五级表示法,1 级表示高抗、3 级表示抗、5 级表示中抗、7 级表示感、9 级表示高感某种病害。病株率分级法是根据病害症状描述,分别调查病株数、总株数,计算病株率,按照病株率的数值进行分级的方法,用百分率表示。

$$发病株率(\%)=\frac{发病植株数}{调查植株总数}\times 100$$

一般全株性(丝黑穗病、病毒病等)或发病后产量损失较大(茎腐病、根腐病等)的病害,采用发病率表示,其余病害一律用病级表示。玉米区域试验中有关病害的分级标准见表 4 至表 10。

1. 叶斑病田间分级标准 根据病害症状描述,逐份材料进行调查并记载病情级别。玉米叶斑病害的田间病情分级、相对应的症状描述见表 4。

表 4 玉米抗叶斑病鉴定病情级别划分及抗性评价

病情级别	症状描述	抗 性
1	叶片上无病斑或仅在穗位下部叶片上有零星病斑,病斑占叶面积少于或等于 5%	高抗(HR)
3	穗位下部叶片上有少量病斑,占叶面积 6%~10%,穗位上部叶片有零星病斑	抗(R)
5	穗位下部叶片上病斑较多,占叶面积 11%~30%,穗位上部叶片有少量病斑	中抗(MR)
7	穗位下部叶片或上部叶片有大量病斑,病斑相连,占叶面积 31%~70%	感(S)
9	全株叶片基本为病斑覆盖,叶片枯死	高感(HS)

叶斑病分级示意图见图 2。

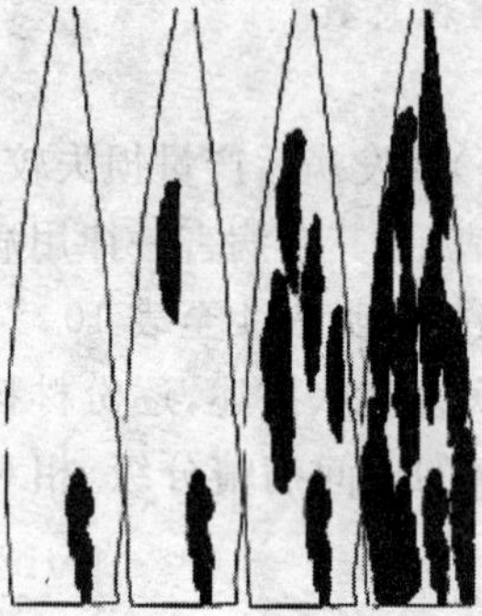

1. 大斑病分级示意图

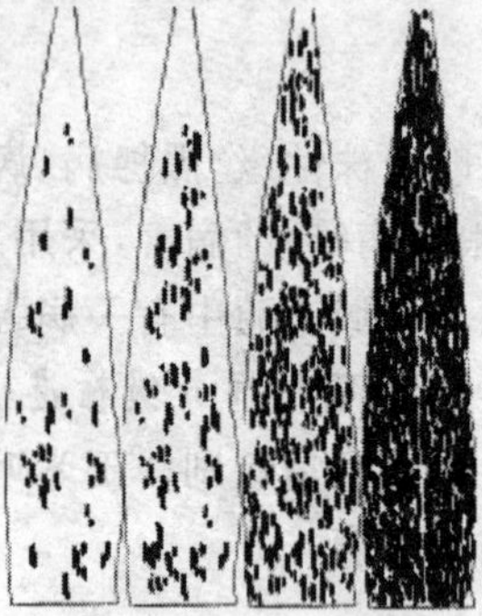

2. 小斑病分级示意图

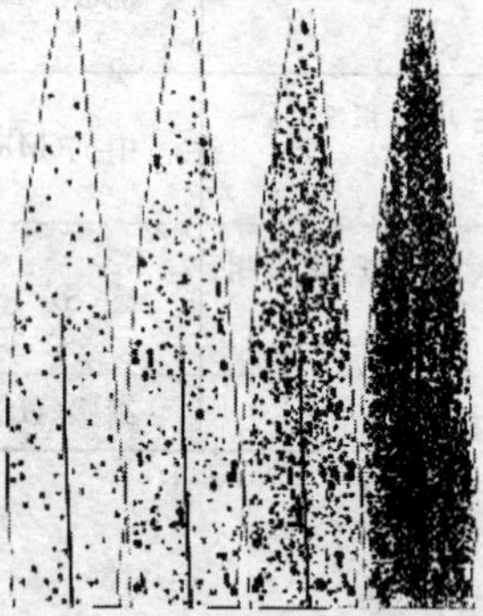

3. 弯孢霉叶斑病分级示意图

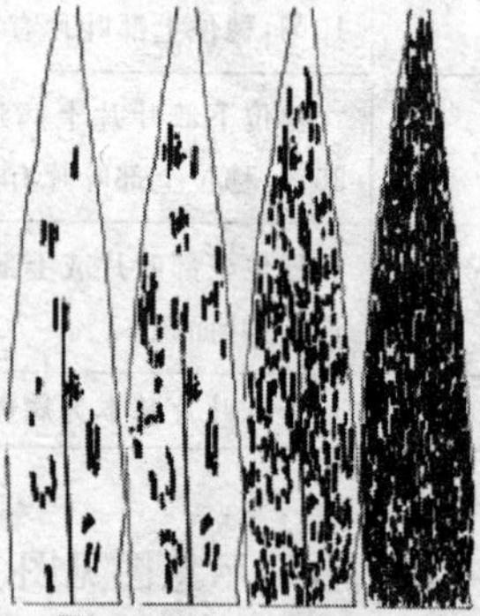

4. 灰斑病分级示意图

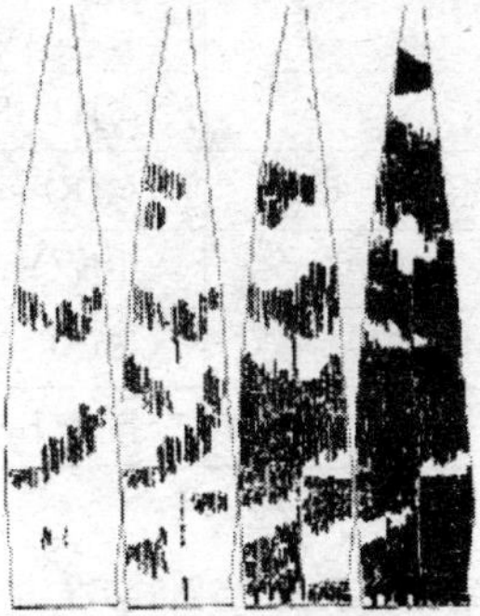

5. 褐斑病分级示意图

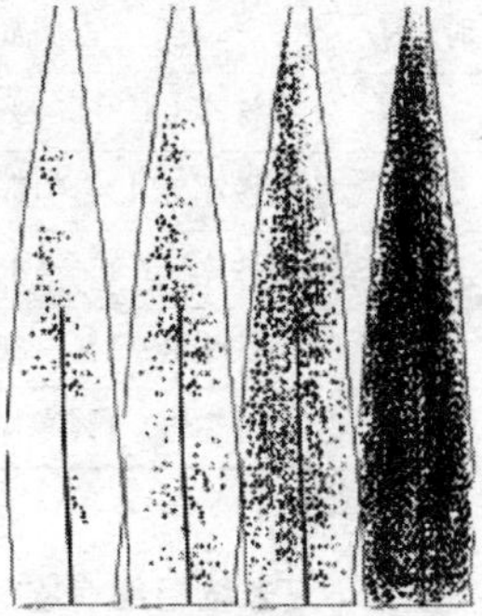

6. 锈病分级示意图

图 2　叶斑病分级示意图

2. 锈病的田间分级标准和抗性评价　根据病害症状描述，逐份材料进行调查并记载病情级别。玉米锈病田间病情分级、相对应的症状描述见表 5。

表 5　玉米抗锈病鉴定病情级别划分及抗性评价标准

病情级别	描　述	抗　性
1	叶片上无病斑或仅有无孢子堆的过敏性反应	高抗(HR)
3	叶片上有少量孢子堆，占叶面积少于 25％	抗(R)
5	叶片上有中量孢子堆，占叶面积 26％～50％	中抗(MR)
7	叶片上有大量孢子堆，占叶面积 51％～75％	感(S)
9	叶片上有大量孢子堆，占叶面积 76％～100％，叶片枯死	高感(HS)

3. 矮花叶病、粗缩病的苗期田间分级标准和抗性评价　逐株调查，分别记载调查总株数、发病株数，计算发病株率，(表 6，表 7)。

表6　玉米抗矮花叶病病情级别划分及抗性评价标准

病情级别	描　述	抗　性
1	发病株率0%～5.0%	高抗(HR)
3	发病株率5.1%～15.0%	抗(R)
5	发病株率15.1%～30.0%	中抗(MR)
7	发病株率30.1%～50.0%	感(S)
9	发病株率50.1%～100%	高感(HS)

表7　玉米抗粗缩病鉴定病情级别划分及抗性评价标准

病情级别	描　述	抗　性
1	发病株率0%～3.0%	高抗(HR)
3	发病株率3.1%～10.0%	抗(R)
5	发病株率10.1%～20.0%	中抗(MR)
7	发病株率20.1%～40.0%	感(S)
9	发病株率40.1%～100%	高感(HS)

4. 瘤黑粉病、丝黑穗病的田间分级标准和抗性评价　逐株调查，分别记载调查总株数、发病株数，计算发病株率(表8)。

表8　玉米抗丝黑穗病、瘤黑粉病鉴定病情级别划分及抗性评价标准

病情级别	描　述	抗　性
1	发病株率0%～1.0%	高抗(HR)
3	发病株率1.1%～5.0%	抗(R)
5	发病株率5.1%～10.0%	中抗(MR)
7	发病株率10.1%～40.0%	感(S)
9	发病株率40.1%～100%	高感(HS)

5. 茎腐病的田间分级标准和抗性评价　逐株调查，调查重点部位为茎基部节位，茎节明显变褐或用手指捏近地表茎节感到变软的植株，即为发病株。记载调查总株数、发病株数，计算发病株率。田间病情分级及相对应的描述见表9。

表9　玉米抗茎腐病鉴定病情级别划分及抗性评价标准

病情级别	描　述	抗　性
1	发病株率0%～5.0%	高抗(HR)
3	发病株率5.1%～10.0%	抗(R)
5	发病株率10.1%～30.0%	中抗(MR)
7	发病株率20.1%～40%	感(S)
9	发病株率30.1～100%	高感(HS)

6. 纹枯病的田间分级标准和抗性评价　逐株调查，调查重点部位为果穗以下茎节和叶鞘，记载症状级别。植株症状分级及相对应的症状描述见表10。

表10　玉米纹枯病不同症状分级

病情级别	症状描述	抗　性
1	果穗下第四叶鞘及以下叶鞘发病	高抗(HR)
3	果穗下第三叶鞘及以下叶鞘发病	抗(R)
5	果穗下第二叶鞘及以下叶鞘发病	中抗(MR)
7	果穗下第一叶鞘及以下叶鞘发病	感(S)
9	果穗及其以上叶鞘发病	高感(HS)

根据田间的实际情况，填写调查记载表。调查的项目中，调查田块的基本情况的记载要求同踏查表；病害的调查种类及记载内容，可根据调查要求和目的自主调整。表11作为参考。

表 11　玉米病害田间调查记载表

<table>
<tr><td colspan="9">调查地点：______县 ______乡______村　品种：____________　生育期：________
调查时间：________________　调查人员：________________　天气情况：________</td></tr>
<tr><td colspan="9">土质：______________　周边作物：______________　前茬作物：______________</td></tr>
<tr><td colspan="9">耕作及田间管理情况：</td></tr>
<tr><td colspan="9">曾用的防治时间及措施：</td></tr>
<tr><td colspan="9">调查点数及取样量：</td></tr>
<tr><td>样点</td><td>大斑病（级）</td><td>小斑病（级）</td><td>弯孢菌病（级）</td><td>黑粉病（%）病株/总株</td><td>茎腐病（%）病株/总株</td><td>纹枯病（%）病株/总株</td><td>粗缩病（%）病株/总株</td><td>备注</td></tr>
<tr><td>1</td><td></td><td></td><td></td><td></td><td></td><td></td><td></td><td></td></tr>
<tr><td>2</td><td></td><td></td><td></td><td></td><td></td><td></td><td></td><td></td></tr>
<tr><td>3</td><td></td><td></td><td></td><td></td><td></td><td></td><td></td><td></td></tr>
<tr><td>平均</td><td></td><td></td><td></td><td></td><td></td><td></td><td></td><td></td></tr>
<tr><td colspan="9">其他说明：</td></tr>
</table>

(二)害虫调查方法及分级标准

主要调查害虫种类、虫口密度、有虫株率（或被害株率）和为害情况等。虫口密度是指单位面积或单个植株上害虫的数量，它表示害虫发生的严重程度；有虫株率（被害株率）是指有虫（被害）株数占调查总株数的百分比，它表示害虫在田块内分布的均匀程度。

单位面积虫口密度＝调查总活虫数/调查面积

每株虫口密度＝调查总活虫数/调查总株数

有虫株率（%）＝（有虫株数/调查总株数）×100

1. 大型食叶害虫的调查方法和分级标准　一般在玉米的拔

节后开始调查卵量，如玉米螟和棉铃虫等，按棋盘式 10 点取样，每点查 10 株，调查植株上的卵块数（玉米螟等害虫卵为块状，每块有数粒到几十粒不等）或卵粒数（棉铃虫等卵为单粒）；当田间可见“花叶”株出现时调查植株被害情况。调查时，观察心叶被害状和数量，用小刀纵向挑开被害心叶，观察有无活虫，若有将其取出；或观察植株表面的幼虫，判明种类、死活及死亡原因等，分别记录取样株数、卵量（卵块或卵粒）、受害株数、活虫数，计算出百株虫（卵）量及被害率（花叶率）。

表 12 玉米大型害虫田间调查记载表

<table>
<tr><td colspan="10">调查地点：______县______乡______村 品种：__________ 生育期：________
调查时间：____________ 调查人员：____________ 天气情况：________</td></tr>
<tr><td colspan="10">土质：__________ 周边作物：__________ 前茬作物：__________</td></tr>
<tr><td colspan="10">耕作及田间管理情况：</td></tr>
<tr><td colspan="10">曾用的防治时间及措施：</td></tr>
<tr><td colspan="10">调查点数及取样量：</td></tr>
<tr><td>样点号</td><td>害虫名称</td><td>虫态</td><td>活虫数</td><td>死虫数</td><td>死亡原因</td><td>总计</td><td>虫口密度（头/株）</td><td>有虫株</td><td>被害率%</td><td>备注</td></tr>
<tr><td>1</td><td></td><td></td><td></td><td></td><td></td><td></td><td></td><td></td><td></td><td></td></tr>
<tr><td>2</td><td></td><td></td><td></td><td></td><td></td><td></td><td></td><td></td><td></td><td></td></tr>
<tr><td>3</td><td></td><td></td><td></td><td></td><td></td><td></td><td></td><td></td><td></td><td></td></tr>
<tr><td>平均</td><td></td><td></td><td></td><td></td><td></td><td></td><td></td><td></td><td></td><td></td></tr>
<tr><td colspan="11">其他说明：</td></tr>
</table>

如果田间调查是以筛选抗性品种或抗性评价等为目的，则需要根据幼虫取食心叶后所形成的叶片虫孔大小和数量划分食叶级别（表 13、表 14）。

表 13　玉米螟对心叶危害程度的分级标准

食叶级别	症状描述	抗　性
1	仅个别心叶上有少量针刺状(≤1 毫米)虫孔	高抗(HR)
2	仅个别心叶上有中等数量针刺状(≤1 毫米)虫孔	高抗(HR)
3	少数心叶有大量针刺状(≤1 毫米)虫孔	抗(R)
4	个别心叶上有少量绿豆大小(≤2 毫米)虫孔	抗(R)
5	少数心叶上有中等数量绿豆大小(≤2 毫米)虫孔	中抗(MR)
6	部分心叶上有大量绿豆大小(≤2 毫米)虫孔	中抗(MR)
7	少数心叶上有少量直径 2 毫米的虫孔	感(S)
8	部分心叶上有中等数量直径 2 毫米的虫孔	感(S)
9	大部心叶上有大量直径 2 毫米的虫孔	高感(HS)

表 14　黏虫等食叶害虫对玉米叶片危害程度的分级标准

食叶级别	症　状　描　述
1	叶片无被害,或仅叶片上有针刺状(≤1 毫米)虫孔
2	仅个别叶片上有少量弹孔大小(≤5 毫米)虫孔
3	少数叶片上有弹孔大小(≤5 毫米)虫孔
4	个别叶片上有缺刻(≤10 毫米)
5	少数叶片上有缺刻(≤10 毫米)
6	部分叶片有缺刻(≤10 毫米)
7	个别叶片部分被取食,少数叶片上有大片缺刻(≤10 毫米)
8	少数叶片被取食,少数叶片上有大片缺刻(≤10 毫米)
9	大部叶片被取食

2. 小型害虫的调查方法和分级标准 3～6叶调查蓟马等苗期害虫，心叶后期开始调查蚜虫和叶螨等。采用对角线五点取样。每点取5株玉米调查全株蓟马、蚜虫和叶螨等小型害虫的种类及数量；如果害虫的种群数量较大时，则可以采用分层取样的方法，在上、中、下三层分别取1个叶片调查，记载害虫名称、虫态、活虫数、有虫株数、害虫密集部位、被害状等情况，并计算虫口密度（表15）。

表15 玉米小型害虫田间调查记载表

调查地点：______县______乡______村 品种：__________ 生育期：________ 调查时间：______________ 调查人员：______________ 天气情况：________										
土质：____________ 周边作物：____________ 前茬作物：____________										
耕作及田间管理情况：										
曾用的防治时间及措施：										
调查点数及取样量：										
样点号	害虫名称	虫态	活虫数	总计	虫口密度（头/株）	有虫株	有虫株率(%)	密度部位	被害状	备注
1										
2										
3										
平均										
其他说明：										

3. 穗部害虫或钻蛀性害虫的调查方法 在蜡熟期调查，一般采用棋盘式或平行线式取样，每点查10株；也可根据调查目的和要求将植株分为穗部、穗上部、穗下部三层分层取样。调查时，观察植株被害、蛀茎、折株及雌穗受害状和数量，发现有蛀孔时，用小刀在蛀孔的上方或下方划一纵向裂缝，撬开茎秆或剥开雌穗，将虫

取出，辨明种类，分别记录害虫名称、活虫数、虫龄、死虫数、死亡原因、被害株数、蛀孔位置、隧道长度（厘米）等，计算出百株虫量和被害率（表16）。

表16　玉米穗部或钻蛀性害虫田间调查记载表

<table>
<tr><td colspan="13">调查地点：______县______乡______村　品种：__________　生育期：________
调查时间：______________　调查人员：______________　天气情况：________</td></tr>
<tr><td colspan="13">土质：____________　周边作物：____________　前茬作物：____________</td></tr>
<tr><td colspan="13">耕作及田间管理情况：</td></tr>
<tr><td colspan="13">曾用的防治时间及措施：</td></tr>
<tr><td colspan="13">调查点数及取样量：</td></tr>
<tr><td>样点号</td><td>蛀孔位置</td><td>隧道长度</td><td>害虫名称</td><td>活虫数</td><td>虫龄</td><td>死虫数</td><td>死亡原因</td><td>总计</td><td>虫口密度（头/百株）</td><td>被害株数</td><td>被害率（%）</td><td>备注</td></tr>
<tr><td>1</td><td></td><td></td><td></td><td></td><td></td><td></td><td></td><td></td><td></td><td></td><td></td><td></td></tr>
<tr><td>2</td><td></td><td></td><td></td><td></td><td></td><td></td><td></td><td></td><td></td><td></td><td></td><td></td></tr>
<tr><td>3</td><td></td><td></td><td></td><td></td><td></td><td></td><td></td><td></td><td></td><td></td><td></td><td></td></tr>
<tr><td>平均</td><td></td><td></td><td></td><td></td><td></td><td></td><td></td><td></td><td></td><td></td><td></td><td></td></tr>
<tr><td colspan="13">其他说明：</td></tr>
</table>

蛀孔位置用穗上第*节、穗下第*节、雌穗、第二雌穗、穗柄等表示；死亡原因要注明寄生天敌（寄蝇、茧蜂、姬蜂等）和昆虫病原菌（细菌、白僵菌、绿僵菌和病毒）名称等。其他记录在备注和说明中。

4. 地下害虫的调查方法　调查根部害虫，多采用棋盘式或对角线式取样，样点（样坑）数量由害虫种类、植株被害程度等多种因素决定。先仔细观察地表植株被害状，初步判断害虫种类，再根据害虫种类、季节和调查目的而确定样点大小和深度，样点一般为1平方米，调查地下害虫种类和数量时，可按预定深度挖；调查地下害虫的垂直分布时，就应分层挖，常规按0～5厘米、5～10厘米、10～20厘米、20～40厘米等不同层次分别进行调查记载(表17)。

表17 玉米地下害虫田间调查记载表

调查地点：____县____乡____村 品种：______ 生育期：______											
调查时间：______ 调查人员：______ 天气情况：____											
土质：______ 周边作物：______ 前茬作物：______											
耕作及田间管理情况：											
曾用的防治时间及措施：											
调查点数及取样量：											
样点号	土壤深度	害虫名称	虫态	活虫数	死虫数	死亡原因	总计	虫口密度(头/平方米)	被害株数	被害率(%)	备注
1											
2											
3											
平均											
其他说明：(往年地下害虫危害情况)											

由于地下害虫的发生和地面种植的作物、土壤质地、耕作方式及周边环境等密切相关，调查时要详细记载地面作物历年种植情况、耕作情况、周边作物和历年地下害虫的为害情况。

5. 天敌的调查方法 天敌调查(及天敌标本的采集)常随病虫调查进行。着重调查天敌种类与数量，记载在相应栏内。天敌种类包括捕食性与寄生性昆虫、病原微生物(细菌、真菌、病毒)等。

天敌的种类及种群数量受地块周边环境、植被情况、害虫的种类和数量、玉米植株的生长状态影响很大，所以要详细记录周边环境和植株病虫害情况，见表18。

表 18　玉米田害虫天敌田间调查记载表

<table>
<tr><td colspan="9">调查地点：______县______乡______村　品种：__________　生育期：________
调查时间：______________　调查人员：______________　天气情况：________</td></tr>
<tr><td colspan="9">土质：__________　周边作物：__________　前茬作物：__________</td></tr>
<tr><td colspan="9">耕作及田间管理情况：</td></tr>
<tr><td colspan="9">曾用的防治时间及措施：</td></tr>
<tr><td colspan="9">调查点数及取样量：</td></tr>
<tr><td rowspan="2">样点号</td><td rowspan="2">天敌名称</td><td colspan="4">虫态及数量</td><td rowspan="2">虫口密度（头/株）</td><td rowspan="2">植株病虫情况</td><td rowspan="2">备注</td></tr>
<tr><td>卵</td><td>幼虫</td><td>蛹</td><td>成虫</td></tr>
<tr><td>1</td><td></td><td></td><td></td><td></td><td></td><td></td><td></td><td></td></tr>
<tr><td>2</td><td></td><td></td><td></td><td></td><td></td><td></td><td></td><td></td></tr>
<tr><td>3</td><td></td><td></td><td></td><td></td><td></td><td></td><td></td><td></td></tr>
<tr><td>平均</td><td></td><td></td><td></td><td></td><td></td><td></td><td></td><td></td></tr>
<tr><td colspan="9">其他说明：</td></tr>
</table>

(三)草害调查方法及标准

主要调查玉米田杂草的种类、发生数量(覆盖度)和分布区域,自然条件、耕作方式、栽培环境及防治措施的关系,确定防治对象和面积,评估杂草的实际为害情况,估计产量与经济损失。评估杂草种群危害程度的常用指标是覆盖度。覆盖度是指被杂草茎叶所覆盖的相对面积,它标志杂草所占有的水平空间面积,并表明植物种类间的相互关系(表 19,表 20)。

表 19 玉米田杂草田间调查记载表

调查地点:______县______乡______村 品种:____________ 生育期:________
调查时间:________________ 调查人员:________________ 天气情况:________

土质:____________ 周边作物:____________ 前茬作物:____________

耕作及田间管理情况:

曾用的防治时间及措施:

调查点数及取样量:

样点	杂草名称	生育期	覆盖度(%)	杂草高度	土壤情况	危害级别	备注
1							
2							
3							
平均							

其他说明:

表 20 玉米田杂草危害分级标准

层 次	侵染危害程度(盖度%)		
	1 级	2 级	3 级
第一层	<10%	10%~20%	>20%
第二层	<15%	15%~30%	>30%
第三层	<20%	20%~40%	>40%

注:田间记载时需记覆盖度,数量很少的偶见杂草不进行分级

1 级发生量少,不造成显著的产量损失;2 级一般草害,对产量有显著影响;3 级对产量有严重影响;1+2+3 级所占面积=发生面积;2+3 级所占面积=危害面积;危害面积/发生面积=危害率

田间病虫草害的调查不记采用踏查与还是详细调查都有一定的局限性,必要时,可在有代表性的地块设立一定数量的固定观察点,进行系统调查。

三、田间调查资料的统计

(一)鉴定病原及害虫、天敌、杂草名称

利用网络、图书等资料,或采用向专家请教等方式,明确田间病原,害虫、杂草和天敌的名称。

(二)田间调查资料的汇总和统计

按照调查目的和要求汇总、统计田间调查数据和资料,得出初步的结论。

1. 以筛选抗病虫品种和品种抗性分析为目的 在整理该类资料时,各种病虫草害的级别不做计算和统计分析,剔除不合理数据后,结果直接用最高级别表示。

玉米的抗病虫性是指品种克服或减轻病原物(或害虫)侵染、发育、生长和危害的能力。造成能力的检测分为 2 部分:一是田间抗性评测,二是专业单位的抗病虫性鉴定。专业鉴定是指在大田或温室模拟病虫害发生的最佳环境条件下,在玉米最易感该种病或虫时期,人工接种病原菌或虫源后,评价玉米品种对各种病虫害的抗感水平,反映的是品种自身的抗性遗传本质。最终目的是模拟某种病虫害大发生年份,玉米品种的最大产量损失,淘汰生产上具有潜在生产风险的品种。而大发生的年份在生产上并不是每年都能遇到,这种田间自然鉴定的结果往往优于品种的真实表现。所以,田间调查以筛选抗性品种和品种抗性分析为目的时,结果要用最重的级别表示。

2. 以病虫草害损失评估和防治效果评价为目的 在整理该类资料时,要根据公式分别计算出病情指数、平均发病率和虫害的平均级别。

病情指数表示群体水平上病害发生的程度，叶部病害常以下述公式计算。

$$病情指数=\frac{\sum(各级病株数\times各级代表数值)}{调查总样本数\times最高级代表数值}\times100$$

被害率反映病虫危害的普遍程度，常用以下公式计算：

$$被害率(\%)=\frac{有虫(有病、草)单位}{调查单位总数}\times100$$

损失率是衡量产量或经济效益的减少程度指标。用以下公式计算，也可用防治区和不防治的对照区产量或经济总产值对比来计算。

$$损失率=\frac{未受害田平均产量或产值-受害田平均产量或产值}{未受害田平均产量或产值}\times100$$

准确估算病虫草害的损失是比较复杂的问题，产量损失受玉米感病虫草的时期、病（虫）情级别等多种因素的影响。例如，对病害产量损失的估计，人们常常根据病害的发病率或者病害的平均级别来大概估计田间的产量损失。对于系统侵染病害（如丝黑穗病），发病率就是产量损失率；对于大斑病、小斑病等叶斑病，病级在 1～3 级时，产量损失较少，当病级达到 5 级，产量损失在 20% 左右，病级在 7～9 级时，产量损失在 30%～70%。

3. 以获取当地玉米病虫害发生情况等资料为目的　在整理该类资料时，一般情况下不进行计算，只注明病虫害的级别范围。

（三）写调查报告

报告内容一般包括 5 个方面。

第一，是调查地区的概况，包括自然地理环境、气候、社会经济情况、玉米生产和管理情况及历年病虫害发生情况等。

第二，是调查目的、任务、技术要点和任务完成情况。

第三，是调查成果的综述，包括主要病虫害种类、危害程度和分布范围；主要病虫害的发生特点；关键性病虫害分布区域的综述；关键性病虫害发生原因及分布规律；天敌资源情况等。

第四，是提出病虫害综合治理的措施和建议。

第五，是附录，包括调查地区玉米病虫害名录、天敌名录、主要病虫害发生面积汇总表、主要病虫害分布图等。

(四)调查原始材料及标本整理、制作和保存

建立健全技术档案，编号整理，保存。

思考题

1. 玉米病虫草害田间调查方法有哪几种？
2. 田间调查的取样方式有几种，举例说明。
3. 如何汇总调查资料？

第十一章　玉米病虫草害综合防治技术

一、玉米田综合防治的原则

人们习惯在田间看到大量病虫草危害后，才采用喷洒化学药剂的方法防治，“头痛医头，脚痛医脚”。这样，病虫草害防治的最佳时期已经错过，病原菌已经在植株上定殖，害虫和杂草已经长大，抗性增强，防治效果较差，病虫草对植株的危害和产量损失也已经造成。同时，由于人们长期大量地、频繁使用化学农药，使病虫草害的抗性、农药的残留、害虫再猖獗危害等问题日益突出和严重。

（一）综合防治的定义

实践证明，虽然有些病虫草害只用一种防治方法就可得到控制，但大多数病虫草害都需要有几种措施相配合，才能得到较好的防治效果。人们在不断的探索中，逐步形成了“综合防治”或有害生物综合治理的观点。1975 年，全国病虫害综合防治学术讨论会就提出了“预防为主，综合防治”的植保方针。把综合防治解释为：综合防治就是从农业生产的全局和农业生态体系的总体观念出发，根据病虫与农作物、耕作制度、有机生物和环境之间的关系，以农业防治为基础，因时、因地、因病虫草害种类制定，有机协调地合理应用农业的、生物的、物理的、化学的防治措施以及其他措施和有效的生产手段，经济、安全、有效地把病虫草害控制在经济损失允许的水平范围之下，以达到优质、高产、低成本和无公害的目的。

1986 年召开的全国农作物病虫害综合防治学术讨论会，将综合防治概念深化为:综合防治是对有害生物进行科学管理的体系,它从农业生态总体出发,根据有害生物与环境之间的相互关系,充分发挥自然控制因素的作用,因地制宜,协调应用必要的措施,将有害生物控制在经济损失允许范围的水平之下,以获得最佳经济效益、生态效益和社会效益。

(二)综合防治措施制订的原则

第一要考虑经济问题。如果某种病害病情指数或害虫种群数量、杂草覆盖面积低于防治指标,不足以使农作物造成经济损失,可以不防。否则,必须抓住有利时机,及时防治。玉米是一个社会效益高但经济效益相对较低的作物,某些措施虽有明显效果,但防治成本相对较高,最后所挽回的损失抵不上投入成本。因此,制定的防治措施要尽量节省人力、物力和财力,力求以最低的投入获得最好的防治效果。

第二,要考虑多种防治措施协调的问题。防治方法多种多样,要根据病虫草害发生的特点和时期,结合具体的农田生态系统特点,有针对性地选择有效的防治措施,最终将病虫草害造成的损失控制在最低允许范围内。

第三,要考虑生态环境问题。农田生态系统是由各种生物与其周围的环境有机组成的,有自身调控的能力。合理的综合防治措施要在充分了解病虫草及优势天敌相互依存制约的动态规律基础上,明确主要防治对象的发生规律及防治关键时期,通过各项防治措施,增强农田生态系统自身对病虫草害的自然调控能力,使病虫草害的发生数量稳定在经济允许的水平之下。

第四,要考虑安全的问题。一切防治措施须维护人、畜、作物和有益生物的安全,要采用既能有效防治病虫草害又能最大限度减少对天敌的杀伤的综合防治方法,避免和减少环境污染,保护自然资源和环境,保障人、畜的安全。为保证农业的可持续发展,大力推行农业、生物和物理防治等非化学的和环境友好的防控措施，最低限度地使用化学农药的综合防治技术，杜绝单纯依赖化学农药和滥用农药的现象，提高农产品质量安全，力求取得最佳的经济效益、社会效益和生态效益。

二、玉米田病虫草害综合防治的主要措施

综合防治包括植物检疫、农业防治、生物防治、物理机械防治和化学防治5部分内容。其中农业防治是基础，首选种植抗病虫品种和保健栽培技术。玉米病虫草害综合防治技术，简单地说，就是在充分利用抗病虫品种和健康栽培技术的基础上，因地制宜地运用植物检疫、物理防治、生物防治以及化学防治技术等措施，控制田间有害生物种群数量，或阻止其危害的综合方法。

（一）植物检疫

以法规为依据，通过法律、行政和技术手段，对生产和流通中的感染某些特定病虫害的植物和植物产品，采取禁止和限制的措施，以防止这些病虫杂草和其他有害生物的人为传播，保障国家农业、林业生产安全的各种措施的总称。植物检疫是防止外来危险性病虫害传入的一项主要的防制措施，包括国外输入和国内输出及国内地区之间调运的种子、苗木、标本、农产品和商品等进行检验，禁止或限制病虫、杂草的传入和传出，或在传入后限制其传播，控制其危害。

植物检疫分为对外检疫和对内检疫。目前，玉米上发布的对外检疫对象有2种：玉米霜霉病（*Peronosclerospora* spp.）和玉米细菌性枯萎病（*Pantoea stewartii* Mergaert et），这是我国一类检疫对象。划分检疫对象必须符合3个条件：①该类病虫草害在我国尚未发生或未广泛分布，能严重危害农林牧业的生产，其主要受

害作物是国家重要资源；②该类病虫草害繁殖力、抗逆性强，适应性广，能经多种途径传播，一旦传入能导致重大损失；③目前尚无有效检疫、除害处理和防治方法。

此外，各省根据本省内的病虫害发生情况，一般还有省级的检疫对象，比如北京、安徽、河北、辽宁等 11 个省、直辖市将玉米干腐病[*Diplodia l* (*stenocarpella*)*stalk* rot]也列入检疫对象，重庆将玉米弯孢菌叶斑病[*Curvlaria lunata* (Walk) Boed]和玉米灰斑病(*Cercospora zeae-maydis* Tehon & Danie)列入检疫对象，圆斑病[*Bipolaris zeicola* (*stoat*) shoemaker]在吉林省也是主要的检疫对象。

(二)农业防治

在利用抗病虫品种的基础上，通过栽培和管理技术措施，调整和改善作物的生长环境，增强作物对病、虫、草害的抵抗能力，创造不利于病原物、害虫和杂草生长发育或传播的条件，以控制、避免或减轻病、虫、草的危害，称为农业防治。

从生态学的观点讲，主要是在生产过程中有目的地改变某些农田生态因素，创造有利于作物健康生长和有益生物繁殖的、而不利于病、虫、草害发生和危害的生态环境。既能保证作物健壮生长，提高产量、品质，又不污染环境，不杀伤天敌。因此，在充分利用农业防治的基础上，协调其他措施，可将病、虫、草害的发生程度控制在较低水平，有效地保护生态环境。如控制玉米后期病害主要是利用抗病品种，同时加强田间管理，合理施肥，及时灌溉或排水，培养健康壮苗，提高植株对病、虫害的抵抗和耐受能力，就能将产量损失控制在比较低的水平。但是，当生产上大面积种植某一抗病虫的品种时，因病原菌小种或抗性害虫的出现，常造成品种抗性“丧失”，病虫害重新大发生。

近年来，其他农业措施防治病、虫害也被广泛应用，如采用秋季秸秆粉碎还田、深翻土壤等方法消灭植株上和土壤中的越冬幼虫和蛹；改革耕作制度、种植诱集田和轮作、间作等措施控制翌年玉米螟、桃蛀螟和地下害虫的为害。结合农事操作，中耕除草，或间苗和定苗时人工清除田间病株（苗）和虫害株（苗），集中销毁，减少再侵染源，可有效降低病毒病、丝黑穗病等病害的发病率，也可人工剥除甜糯玉米下部叶片防治玉米纹枯病等。

（三）生物防治

生物防治就是利用天敌昆虫、线虫和病原微生物等有益生物及其代谢物、昆虫生长调节剂或其他生物，抑制或消灭有害生物的一种防治方法。生物防治是有效降低化学农药使用、提高产品品质的关键措施。一般采用多种天敌和生物制剂配合使用来控制病虫危害，达到少使用或不使用化学农药的目的。目前，生产上广泛应用的技术有：人工释放赤眼蜂防治玉米螟和棉铃虫；人工释放中红侧沟茧蜂防治穗期棉铃虫；利用B. t制剂、白僵菌制剂和菜喜等防治鳞翅目害虫；利用灭幼脲防治黏虫；利用井冈霉素防治玉米纹枯病等技术。生物防治一般操作简单，不污染环境，对人、畜和作物都很安全，不产生抗药性。

（四）物理防治

物理防治就是利用害虫的某些生理特性或习性，用光、温、电、色板、人工和机械设备来防治病虫害的方法。如利用机械精选种子可淘汰一些杂草和带病菌虫卵的种子；利用性激素或黑光灯、频振灯、糖醋液等诱饵，大规模诱杀、诱捕地老虎、黏虫、玉米螟、棉铃虫等害虫的成虫，并干扰其交配（迷向）产卵、阻止害虫聚集为害；人工田间除草等。这类方法简便易行，经济有效。

(五)化学防治

用化学药剂(如杀虫剂、杀菌剂、除草剂、熏蒸剂等)来防治作物的病、虫害及杂草危害的方法,称为化学防治。化学防治是控制病虫草的最终选择,也是一项应急的、必要的防治措施。化学农药具有作用迅速、见效快、使用方便、防治效果好等优点,尤其是当病、虫、草害发生数量达到防治指标时,及时施用化学农药能够有效地控制病、虫、草害的发生发展。如使用玉米种衣剂或拌种剂防治地下害虫和苗期病虫害;利用颗粒剂防治心叶期玉米螟、棉铃虫和黏虫等;利用苗前播后除草剂防治田间杂草等,都是简便易行、低成本投入的防治方法。但是,用化学防治,往往会误杀天敌,甚至导致人畜中毒、污染环境等不良后果。因此,防治要尽量选用高效、低毒、低残留的农药品种,减少农药对农田生态系统的破坏作用,降低对天敌的杀伤频率,达到"灭害保益"的目的。

在实际生产上,要优先使用昆虫生长调节剂和生物源农药等专一性药剂,限制使用有机磷和拟除虫菊酯类等广谱农药,提倡使用阿维菌素、吡虫啉等低毒药剂,以解决农药残留超标问题;同时要避免使用单一的农药品种,只有在病虫危害超过经济阈值时才进行防治,防止病虫草害产生抗性。

三、玉米田病虫草害综合防治措施的制订

玉米是我国第二大粮食作物,近年来,大型种植收割机械的应用和免耕直播、苗前除草技术的推广,降低了田间劳动强度;随着玉米育种水平的不断提高,单位面积产量大幅增加,投入产出比降低,农民的热情也在提高,玉米的种植面积和种植范围不断扩大。目前,全国各地大部分地区均能种植玉米,南方部分地区甚至全年均可种植,这也给病、虫、草害的发生、传播、危害和流行创造了有

利条件。

玉米喜温暖湿润气候，生育期长达 70～140 天，生长时间集中在 3～10 月份，此时也是病、虫、草害繁殖危害的主要季节。所以，这就造成玉米上的病、虫、草种类繁多，在玉米生长发育时期都可能受到病、虫害的侵染和危害，造成产量损失。玉米是独秆作物，影响产量的主要因素是单位面积株数和单株籽粒产量。因此，保全苗和保证籽粒正常灌浆成熟是防治病、虫、草害的主要目的。

玉米的一生从播种到收获要经历 3 个生育阶段：苗期、穗期和花粒期，每一阶段又分为若干个生育时期。每一生育阶段与时期都有各自的生长发育和田间管理特点，也对应有不同的病虫草害危害规律和综合防治方法。

(一)苗期病虫草害综合防治技术

1. 生长发育特点　玉米苗期是指播种至拔节的一段时间，是根系发育、茎叶分化的营养生长阶段。该阶段又以 3 叶期为界，划分为播种至 3 叶期和 3 叶期至拔节期 2 个时期。

3 叶期是玉米一生中的第一个转折点，也叫离乳期。3 叶期前，幼苗主要依靠种子贮藏的营养生长，根系不发达，靠胚根吸收水分和营养，植株幼小。此时，若植株遭受病虫害的侵袭，一般不能恢复，直接造成死苗。此时期杂草生长迅速，如果不及时除草，也会严重影响幼苗的生长，田间杂草还是一些病虫害的中间寄主，因此防除田间杂草也可以减轻病虫害的发生。3 叶期还没有间苗和定苗，所以播种量大的田、轻发生田或及时防治的田，病虫害对田间总苗数的影响一般不大。3 叶期以后，玉米根系开始发育，侧根大量出现，植株从自养生活转向异养生活。由于植株根系和叶片仍不发达，吸收和制造的营养物质有限，幼苗生长缓慢。此时遭遇病虫害，植株死亡常造成田间缺苗断垄，所以提前预防和加强田间管理是防治的关键。

2. 病虫草害发生特点 苗期是保证玉米单位面积株数的关键时期，是根茎部病害和病毒病侵染发病的关键时期，也是地下害虫猖獗为害的高峰期和杂草萌发出土为害的主要时期。该阶段田间病害以土传病害为主，病原菌在土壤或种子中越冬，土壤中病原菌种类组成受地域、土壤类型、环境、温湿度、前茬作物等多种因素的影响而复杂多变，给利用抗性品种防治苗期病害带来很大困难。害虫以地下害虫和刺吸式害虫为主，种类繁多，活动频繁，危害严重。刺吸性害虫中有的种类具有迁飞性，可传播多种玉米病毒，引起病毒病，发病越早，造成的产量损失就越大。该阶段玉米植株生物产量小，细胞发育不成熟，抗病虫害的能力弱；同时，也是防治草害的关键时期，目前只能采用农业防治措施结合化学药剂防治的方法来控制苗期虫害。

3. 综合防治技术

(1)种植抗性品种　根据当地病害发生情况和播种时间，仔细阅读品种介绍，购买具有针对性的抗病虫品种种植，充分利用抗性品种控制主要病害。目前，我国玉米抗丝黑穗病、瘤黑粉病、大斑病、小斑病、弯孢菌叶斑病、茎腐病、矮花叶病的品种很多，根据品种介绍购买高抗或抗病品种即可。抗灰斑病、粗缩病、纹枯病、褐斑病、南方锈病、顶腐病、细菌性病害及玉米螟等害虫的品种较少或无，购买时需慎重。

(2)根据病虫害发生种类和特点防治　针对性地采用含不同有效药剂成分的种衣剂处理种子，杀灭种子上携带的虫卵和病原菌，提高发芽率，防治地下害虫、苗期害虫、丝黑穗病、种子腐烂病、苗期根腐病等。种衣剂的选择和使用详见第二章相关内容。以下是生产上常见的防治对象和种衣剂。①防治丝黑穗病：2%戊唑醇、立克秀和烯唑醇等。②防治种子腐烂病＋苗期根腐病：适乐时、满适金、卫福。③防治地下害虫：4.5%高效氯氰菊酯、劲苗、辛硫磷等。④防治地下害虫＋丝黑穗病：10%克·唑、9.1%克·酮

·戊唑、丁硫克百威·酮·戊唑、双全、15%黑穗净、17%吉农肆号等。⑤防治苗期根腐病+丝黑穗病:6%福·戊、38%福·戊醇等。⑥防治苗期根腐病+地下害虫:20%福克、35%多克福、20%呋福等。⑦防治苗期根腐病+丝黑穗病+地下害虫:63%福·克·戊、20.3%毒·戊·福等。⑧防治刺吸式害虫:高巧(70%吡虫啉)、帅苗等。⑨防治灰飞虱+粗缩病:高巧(70%吡虫啉)、帅苗等。⑩防治刺吸式害虫+地下害虫+丝黑穗病:6.5%吡虫啉·高效氯氰菊酯·戊唑醇等。

(3)除草　苗前除草,在播种后出苗前,采用乙阿合剂,或使用40%阿特拉津胶悬剂 200 毫升/667 平方米,混 50%乙草胺乳油 150～200 毫升/667 平方米,对水 30～40 升喷雾,在玉米播种后出苗前土壤较湿润时对玉米田进行"封闭"除草。对玉米刚出苗和即将出苗的地块,禁止使用乙草胺、2.4-D 丁酯、丁草胺和含有上述 3 种成分合剂的除草剂进行土壤封闭或茎叶处理,以免产生药害,造成畸形苗。玉米 3～5 叶期除草,在杂草幼龄期及时使用玉米苗后茎叶处理型除草剂,如玉农乐等。

(4)加强栽培管理　播种前要深翻土壤,把土壤中的害虫翻到地表面,通过机械杀伤、暴晒、鸟雀啄食等方式降低虫口密度。清洁田园,尤其是田间地头的杂草、前茬植株残体和其他寄主,破坏害虫的栖息场所和病毒来源。实行轮作倒茬,避免连作;合理加大播种量,结合间、定苗拔除病、虫株集中烧毁,减少病害初侵染源和虫源;加强栽培管理,合理灌溉,合理施肥,合理密植,促进幼苗根系早发和健康生长。

(5)药剂防治　在蚜虫和灰飞虱等小型刺吸式害虫发生的高峰期,用 10%吡虫啉 2 000～3 000 倍液,或 40%乐斯本乳油 500～1 500倍液或,50%抗蚜威可湿性粉剂 2 000 倍液于傍晚喷雾,从田块周围向中心喷雾,防止害虫逃逸。当田间局部发生蛀茎夜蛾、旋心虫、黏虫、地老虎等害虫时,可用乐斯本、辛硫磷等药剂有针对性的灌根或喷雾。

(6)诱杀 可用黑光灯、频振灯、高压汞灯、糖醋液等诱杀小地老虎、黏虫、蝼蛄等害虫的成虫。糖醋液的配制比例为：糖6份、醋3份、白酒1份、水10份、90%晶体敌百虫1份，调匀即可。利用毒土、毒饵可诱杀地下害虫，用90%晶体敌百虫0.5升，加水2.5～5升，喷拌50千克碾碎炒香的棉籽饼，或用50%辛硫磷乳油每667平方米50克，拌棉籽饼5千克，或用20%杀灭菊酯50～100倍液加炒香的麦麸或磨碎的豆饼5千克，于傍晚撒在作物行间。

(二)穗期病虫草害综合防治技术

1. 生长发育特点 穗期是指玉米从拔节至抽雄的一段时间。拔节是玉米发育的第二个转折点，是玉米雌、雄穗等生殖器官分化与形成的关键时期；穗期是玉米一生中营养生长最旺盛的阶段，也是植株抗病虫害能力最强的时期。

2. 病虫草害发生特点 此时期病害发生种类较少，且呈明显点片状分布。危害穗期玉米的病害主要有纹枯病、褐斑病、顶腐病和细菌性茎腐病等。进入穗期，种衣剂基本上不再起作用，纹枯病、褐斑病是土传病害，防治困难，尽量种植抗病或耐病品种。顶腐病和细菌性茎腐病的病原菌都是弱寄生菌，病原菌随风雨传播到玉米心叶或叶鞘中引起发病。害虫造成的伤口也有利于病原菌的侵入，病害的发生流行和害虫的为害密切相关。此时期许多害虫经前一段时间的为害，进入了蛹期、成虫期或卵期，或由于夏季的高温、高湿的条件而进入休眠状态，所以穗期发生的虫害种类也较少，主要有蓟马、蚜虫、玉米螟等。玉米螟是玉米上最重要的害虫，穗期是玉米螟为害和防治的关键时期，目前生产上可应用的抗性品种很少，主要采用心叶期撒施颗粒剂或人工释放赤眼蜂的方法防治玉米螟。田间杂草常见在苗期化学封闭效果不好和田间管理差的田块，以一年生杂草为主，呈点片状分布，可用百草枯或草甘膦定向喷雾防除。此时期以防治玉米螟为主，兼治蚜虫、蓟马。

3. 综合防治技术

(1)种植抗病品种　在纹枯病发生区，要根据品种介绍，购买种植抗病或耐病的品种。

(2)加强栽培管理　清洁田园，及时清除田间顶腐病、细菌性茎腐病病株，集中销毁，减少再侵染源。

(3)药剂防治　采用辛硫磷、丁硫克百威、杀虫双等杀虫颗粒剂撒施在心叶里，也可用上述农药以及吡虫啉或溴氰菊酯进行喷雾，防治玉米螟、蓟马、蚜虫等害虫。心叶期撒施 B. t 颗粒剂、或白僵菌菌砂，在湿度大的地区有很好的防效。采用灭生性除草剂定向喷雾灭草。纹枯病发病严重的田可在茎基喷施药剂，药剂的选择见第三章纹枯病内容。褐斑病发生重的田块可用药剂防治，药剂的选择见第三章褐斑病内容。

(4)其他　在心叶期，田间始见玉米螟卵时，人工释放赤眼蜂2～3 次，每 667 平方米释放 1 万～2 万头，可有效控制玉米螟的为害。也可用黑光灯、频振灯、高压汞灯、性诱剂等诱杀成虫。

(三)花粒期病虫草害综合防治技术

1. 生长发育特点　花粒期是指玉米从抽雄至成熟这一段时间，也是玉米一生的第三个转折点。该阶段植株已经长成，营养生长基本停止，进入生殖生长旺盛时期，是籽粒产量形成的关键时期。花粒期玉米植株的健康状态直接影响玉米的产量，根系吸收的营养及叶片光合作用的产物，甚至植株本身的营养成分都向果穗输送，植株的抗性降低，易受到病、虫害的侵袭。

2. 病虫草害发生特点　此时期是各种叶斑病的反复侵染发病时期和病毒病、丝黑穗病、瘤黑粉病、茎腐病等多种病害的发病时期，也是果穗上害虫为害的高峰期，此时田间玉米植株高大密植，加之夏季的酷热高温，在现有的技术条件下，有些技术措施效果差或难以推广应用，所以该时期玉米病、虫害的防治主要是利用抗病品种，辅以其他农业措施。

(1)利用抗病品种　根据本地区花粒期主要病虫害发生情况，选择抗一种或几种主要病害的适宜品种种植。

(2)加强田间管理　及时灌溉，及时排除田间积水，撒施花粒肥，合理密植，改善田间通风透光条件，健康栽培，提高植株的抗病虫害能力。及时清除田间病株病叶，带出田外，集中销毁，减少再侵染源。收获后虫害发生重的田块要秸秆粉碎还田，减少越冬害虫基数；病害重的田块要及时清除病残体，避免秸秆还田，提倡秸秆腐熟还田和牛羊等过腹还田。

(3)天敌及药剂防治　在玉米抽雄吐丝时，始见玉米螟卵时，人工释放赤眼蜂2～3次，每667平方米释放1万～2万头，可有效控制玉米螟的为害，同时也可兼治棉铃虫。

对制种田或甜糯玉米等经济价值较高的田块，可在幼虫孵化后到钻蛀前，选用2 000单位/毫米B.t悬浮剂200毫升加细沙制成菌沙，或辛硫磷颗粒剂250克加4～5千克细沙拌匀，撒在雌穗花丝及雌穗上下2节的叶腋处，同时对其他穗期鳞翅目害虫也有很好的防治效果，也可选用防治玉米螟的药剂喷雾，可考虑用50%敌敌畏乳油800～1 000倍液，或20%氰戊菊酯乳油或2.5%溴氰菊酯乳油1000～1 500倍液灌注雄穗，也可直接喷在花丝和雌穗顶上。

四、综合防治措施的制订与实施

(一)免耕夏玉米田的综合防治措施

1. 耕种模式　免耕夏玉米田的主要种植范围在黄淮海区域，

一年两熟制，前茬作物一般为小麦。该区普遍采用机械作业，收获小麦后，不粉碎麦茬，不翻地，直接用各种播种机播种玉米种子。然后浇蒙头水，地里湿度适宜时，喷苗前除草剂。5 叶定苗后田间管理放松，玉米收获采用机械或人工采收；收获后的秸秆用秸秆粉碎机粉碎，直接还田；用旋耕机旋耕 20 厘米浅层土壤 1～2 遍后，用机械播种小麦。周而复始，翌年小麦收获后再种植玉米。

2. 病虫草害发生特点　该区玉米种植时间集中在 6 月上中旬，播种集中，出苗整齐。由于土地没有深耕，小麦秸秆留在地中，麦茬上的食叶害虫和地下害虫直接转移到玉米幼苗上为害。该区玉米整个生长期均高温多雨，适于病、虫、草害的发生。最重要的病害是小斑病和茎腐病，其次是大斑病、弯孢菌叶斑病、褐斑病、瘤黑粉病、穗腐病、粗缩病，局部地区有纹枯病、灰斑病、苗期根腐病、顶腐病和细菌性病害；主要害虫是地下害虫和玉米螟；由于连年种植农作物和防治杂草，草害并不严重，田间杂草以一年生杂草为主。

3. 综合防治措施　首先，选购兼抗小斑病和茎腐病的品种种植。该区气候适宜小斑病的流行，一旦种植感病品种，造成产量损失的可能性极大。随着免耕和秸秆还田时间的增长，土壤中的病原菌和害虫数量不断增加，给苗期根腐病和茎腐病的侵染提供了机会，这两种病害的发生越来越重，种植抗病品种能有效的降低发病率，挽回产量损失，一般抗茎腐病的品种也抗苗期根腐病。然后再根据当地病虫害发生实际情况，选择以下几种方案之一。

(1)苗期病害和地下害虫不严重的地区　种子不用包衣，适当加大播种量，结合间、定苗拔除病虫株；播后立即在地面和麦茬上喷洒 4.5%高效氯氰菊酯乳油 2 000 倍液或其他杀虫剂，杀灭田间害虫；浇水后等能进地操作时，喷洒都尔、乙阿合剂等播后苗前除草剂，田间有绿色杂草或田间地头、垄沟等处，可加 20%百草枯水剂 100 毫升同喷或直接采用乙宝桶混剂除草。

防治玉米螟等害虫，根据当地田间害虫发生情况，选择在7月中下旬心叶撒施辛硫磷颗粒剂，或药剂喷雾等防治心叶期玉米螟和其他害虫，如蚜虫等；心叶末期再次撒施杀虫颗粒剂，防治穗期和钻蛀性害虫。蚜虫和穗期螟害严重时，也可在玉米抽雄初期，用50%敌敌畏乳油800～1 000倍液，或20%氰戊菊酯乳油或2.5%溴氰菊酯乳油1 000～1 500倍液灌注雄穗，消灭蚜虫和在雄穗上取食的玉米螟，或喷洒在雌穗顶端的花丝基部，使药液渗入花丝杀死在穗顶为害的玉米螟等害虫，也可在玉米抽丝盛期，将化学或生物农药颗粒剂，撒于雌穗着生节的叶腋及其上2叶和下1叶的叶腋及穗顶花丝上，重点保护雌穗。

(2)苗期病害或地下害虫严重的地区　根据病虫草害发生情况选择已包衣种子或种子必须包衣，种衣剂的选择见本章苗期病虫草害防治技术；浇水后喷除草剂，方法同上；心叶末期撒施杀虫颗粒剂。

(3)粗缩病发生严重的地区　种子用高巧、帅苗包衣或10%吡虫啉拌种后播种，适当加大播种量；浇水后喷除草剂，方法同上；早间苗，晚定苗，根据症状拔除粗缩病株；幼苗在3叶期后可喷洒吡虫啉等杀虫剂对灰飞虱有杀灭和驱避作用的药剂；心叶末期撒施杀虫颗粒剂。

最后，以上措施未起到防治效果的病虫草害，要及时根据第三至第九章内容，选择有效的防治措施补救。

4. 注意事项　①夏播玉米生育期短，除草剂不能用阿特拉津等持效期长的除草剂，以免对下茬作物造成危害。②种子用有机磷农药拌种或种衣剂中含有有机磷成分，或喷洒过有机磷农药的地块，不能用玉农乐除草，以免产生危害。③综合防治措施不是一成不变，要根据实际情况灵活组合应用各种单项技术。

(二)春玉米田的综合防治措施

1. 耕种模式　春玉米田的种植区域主要在东北、西南、西北地区。大多是机械播种,人工采收,而西南地区大多是麦田套播或育苗移栽,玉米生长期间气温相对较低,品种生育期长,产量高。春玉米播种时间较长,一般从4月10日至5月10日,前茬多为空闲地或菜地。播种后及时补水或降雨后播种,播种时间和出苗受地温、降雨影响较大。秋季玉米收获后,秸秆堆垛,深翻土壤,而在西南地区,玉米收获后还会种植小麦或秋菜等作物。

2. 病虫草害发生特点　种子在土中时间长,玉米生育期长,易受到病虫草害的侵袭;播种期长,病、虫、草害种类组成地域间差异较大,防治方法多样化。主要病害为种子腐烂病、苗期根腐病和丝黑穗病、大斑病、茎腐病,其次为灰斑病、弯孢菌叶斑病、纹枯病、瘤黑粉病等,局部地区有矮花叶病、粗缩病、鼠耳病、穗腐病、顶腐病、圆斑病、黑束病和全蚀病等。主要害虫为地下害虫、玉米螟、蚜虫,有些年份黏虫发生严重。杂草种类繁多,是田间的主要矛盾。

3. 综合防治措施

(1)种植抗病品种　选购兼抗丝黑穗病、大斑病和茎腐病的品种种植。该区气候和种植模式适宜以上3种病害的发生和流行,尤其是丝黑穗病,病株率就是产量损失率,每年因此造成的玉米损失很大。该区是大斑病的重发生区域,病原菌生理小种组成复杂,随着新生理小种的不断出现,品种抗性逐渐丧失,大斑病有大流行的可能。本区也是镰刀菌茎腐病和苗期根腐病的主要发生区域。

(2)药剂防治　种子要包衣,种衣剂的选择见本章苗期病虫草害防治技术。播种后和出苗前,在田间湿度适宜时,每667平方米可喷洒40%莠去津胶悬剂200～300毫升,或50%西玛津可湿性粉剂200～300克,或40%拉索乳油200～300毫升等防治杂草;田间湿度不适宜,要在3～5叶期喷玉农乐等苗后除草剂。每年的

4月底前(西南地区则在4月中旬前)处理完玉米秸秆,如沤肥或用作饲料或燃料等,压低越冬虫源基数;或在越冬玉米螟幼虫开始活动化蛹前,用白僵菌对残存的玉米秸秆,逐垛用喷粉器喷白僵菌粉或分层撒布菌土进行封垛处理,用每克含100亿孢子的白僵菌粉100克,每平方米垛面用喷粉器喷一个点,消灭越冬虫源。也可在喇叭口期,根据田间花叶情况,撒施B.t或辛硫磷等颗粒剂或药剂喷雾,防治食叶害虫或刺吸式害虫。西南地区应注意在喇叭口末期应用井冈霉素菌土或在灌浆初期用井冈霉素喷雾,结合剥除下部病叶,防治玉米纹枯病。玉米鼠耳病发生严重的西南部分玉米产区要注意防治二点叶蝉;而玉米矮花叶严重的西北和北方部分玉米产区,要注意防治玉米蚜虫等传毒介体,减少病毒病的发生。

(3)*其他方法* 在越冬代蛹开始羽化时,利用高压汞灯或其他幼虫灯诱杀越冬成虫,减少越冬虫源,或利用性信息素防治玉米螟。在玉米田始见卵块时,释放赤眼蜂防治玉米螟,第一次放蜂5天后,再放第二次,每667平方米放1万～2万头,根据发生轻重而定。除玉米螟一代区外,在抽雄后,还要注意防治二代玉米螟和蚜虫的为害,可以在始见卵时释放赤眼蜂防治二代玉米螟。药剂防治可参照本节免耕夏玉米田的综合防治措施。

4. 注意事项 处理秸秆、白僵菌封垛或高压汞灯诱杀成虫或性信息素等技术防治玉米螟时,必须大面积连片进行,否则防治效果不明显。春播玉米生育期长,除草剂要选择阿特拉津等持效期长的除草剂。种子用有机磷农药拌种或种衣剂中含有有机磷成分,或喷洒过有机磷农药的地块,不能用玉农乐除草,以免产生危害。田间使用药剂要考虑保护天敌。种衣剂的选择一定要慎重,最好不选含烯唑醇等易产生低温药害成分的种衣剂。综合防治措施不是一成不变的,要根据实际情况灵活组合应用各种单项技术。

(三)鲜食玉米田的综合防治措施

1. 耕种模式　鲜食玉米的耕种方式多种多样,有地膜玉米、春播玉米、夏播玉米和秋播玉米等多种。因产值较高,农民田间管理精细,生长期短,一般一年两季或多季,或分批播种,鲜穗分批上市,使得同一地区不同生育期的鲜食玉米同时存在。

2. 病虫草害发生特点　田间病、虫、草害的发生因地区和种植时间、耕作方式而异。一般以采收鲜穗为主,田间主要病害以病毒病、瘤黑粉病、丝黑穗病和苗期根腐病为主,中后期发生的叶斑病一般不会造成危害。主要害虫为地下害虫、玉米螟和棉铃虫等。杂草危害较为严重。

3. 综合防治措施　种子最好用含微肥成分的复合种衣剂包衣。鲜食玉米种子粒小或干瘪,价格较高,多采用提前育苗或精量播种技术,包衣可提高出苗率,同时有防治苗期根腐病和地下害虫的效果。播种后及时喷洒播后苗前除草剂,再按照需要覆盖或不覆盖地膜。田间有蚜虫和灰飞虱发生时一定要及时防治。喇叭口期,利用氯氰菊酯喷雾,或应用 B. t 颗粒剂;西南地区可在小喇叭口期应用白僵菌菌土撒心,防治玉米螟等在心叶中为害的害虫。穗期用氯氰菊酯、菜喜喷雾,或用 B. t 制剂等生物杀虫剂撒在果穗顶花丝上,重点保护果穗,防治玉米螟、棉铃虫等在果穗上为害的害虫。

思考题

1. 苗期病、虫、草害发生特点是什么?
2. 苗期病、虫、草害防治技术有哪几种?
3. 穗期的主要害虫有哪些?如何防治?
4. 花粒期病害主要采取哪种防治方法?